数据会说话

活用数据 表达、说服与 决策

沈君——著

人民邮电出版社

北京

图书在版编目（CIP）数据

数据会说话：活用数据表达、说服与决策 / 沈君著
. -- 北京：人民邮电出版社，2022.11
ISBN 978-7-115-58666-7

Ⅰ. ①数… Ⅱ. ①沈… Ⅲ. ①数据处理－通俗读物
Ⅳ. ①TP274-49

中国版本图书馆CIP数据核字(2022)第043966号

内 容 提 要

　　本书用通俗易懂的语言、丰富的案例，介绍了如何利用数据有效表达、说服他人，以及如何防止被他人的数据误导。全书共 8 章。第 1 章介绍什么是"数据说服力"；第 2～6 章分别介绍如何通过寻找合适的参照点、运用不同的统计方法、其他指标、不同时间点的对比、选择各种对比结果，来提升数据说服力，让他人更容易被说服；第 7 章介绍如何运用 4 种可视化方法，提高数据的可信度；第 8 章介绍如何运用 6 种方法，防止自己在工作和生活中被他人的数据误导。

　　本书面向职场人士，可帮助他们在汇报工作、说服客户、打动他人时更加游刃有余。为了降低阅读难度，本书不涉及复杂难懂的公式，可作为新手学习数据分析的入门读物。

◆ 著　　　　沈　君
　　责任编辑　马雪伶
　　责任印制　王　郁　胡　南
◆ 人民邮电出版社出版发行　　北京市丰台区成寿寺路 11 号
　　邮编　100164　电子邮件　315@ptpress.com.cn
　　网址　https://www.ptpress.com.cn
　　三河市中晟雅豪印务有限公司印刷
◆ 开本：880×1230　1/32
　　印张：6　　　　　　　　　2022 年 11 月第 1 版
　　字数：158 千字　　　　　　2022 年 11 月河北第 1 次印刷

定价：49.90 元

读者服务热线：(010)81055410　印装质量热线：(010)81055316
反盗版热线：(010)81055315
广告经营许可证：京东市监广登字 20170147 号

前言

在生活中，我们经常要表达自己的观点，或者说服他人。比如，在工作汇报中要说服领导，向他证明自己取得了丰硕的工作成果；在销售过程中要向客户呈现产品的优势，说服客户购买产品；在企业内部交流中，要说服同事采纳自己的方案。在说服的过程中，有的人会展示大量的图表，有的人会讲一个生动的故事，有的人则不知道如何说服他人。

在对上百家企业进行培训时，笔者看到许多职场人士在"说服"时都显得力不从心，而对使用数据来说服他人更是无从下手。所以笔者针对"数据说服力"编写了本书，目的就是给予职场人士一套完整的学习方法，帮助职场人士系统地提升数据说服力，同时不被他人的数据误导。

本书关于"数据说服力"的所有方法，都已向国家版权局申请版权（版权登记号：沪作登字 –2021–L–02139824）。书中没有复杂难懂的公式，但并不代表内容很肤浅；书中案例均为虚构，但其所呈现的知识是严谨的。本书内容由浅入深，循序渐进，非常适合初学者阅读。为了方便职场人士在工作和生活中应用书中的知识和方法，笔者还提供了一个包含所有知识和方法的完整模型（见 5.6 节）。

本书共 8 章，各章的主题及主要内容如下表所示。其中第 2 ～ 6 章的内容关联性较强，建议按顺序阅读。

章	主题	主要内容
第1章	初识数据说服力	让读者了解到平淡无奇的数据也能说服他人
第2章	参照点	通过寻找合适的参照点进行对比，增强数据说服力
第3章	统计方法	讲解4种经典的统计方法
第4章	其他指标	列举4个场景中增加数据说服力的常见指标
第5章	时间点	通过对比不同时间点的数据来增强数据说服力
第6章	对比结果	讲解对比结果的不同呈现方式（数值、百分比、倍数或分数），让数据更有说服力
第7章	可视化	通过运用4种可视化方法来提高数据的可信度
第8章	防误导	通过运用6种方法，防止自己在工作和生活中被他人的数据误导

笔者编写本书的初衷是将自己的研究成果分享给读者，让更多人在增强数据说服力方面有较大的收获。需要说明的是，书中的插图多数为示意图，而不是在坐标系中严格按照刻度绘制出来的。

在编写过程中，虽然笔者精心打磨内容，制作大量的插图、寻找丰富的案例来帮助读者理解，但由于水平有限，书中难免有错漏或不足之处，恳请广大读者批评指正。若读者在阅读过程中产生疑问或有任何建议，可以发送电子邮件到 maxueling@ptpress.com.cn。也可以加入 QQ 群（809610774）交流学习。

沈君

目录

第 5 章　突飞猛进地提升
——时间点

第 6 章　引导受众的倾向
——对比结果

第 7 章　让数据更直观
——可视化

第 8 章　防止被数据误导的 6 种方法

第 1 章

数据说服力

——平淡无奇的数据也能说服他人

1.1 小心数据 "陷阱"

我们每天都会碰到各式各样的数据：早晨一睁开眼睛就会打开微信，看看自己昨天发的朋友圈有多少人点赞；上班时会打开 Excel，查看各种产品、客户、订单的数据；下班后在网上买一瓶沐浴露，也会按照销量排序，查找畅销的品牌和店铺。

可以说，数据无时无刻不在影响我们的生活，可是数据中也隐藏着巨大的 "陷阱"。

一本关于营销学的书中有这样一句话："在 11 秒内，本药剂就杀死了试管中的 31108 个细菌。"据说，这句话让这款药剂的销量呈指数级上升。对于略懂一点儿生物学的人来说，3 万多对细菌而言并不是什么巨大的数字，也许这个样本中一共有 1 亿个细菌，被杀死的 3 万多个细菌只占了 0.03%。这时候就会有两种表述方式。

A

B

这两种表述方式，从数据的本质来说是一模一样的，可为什么第一种的 "31108" 要比 "0.03%" 更加让人信服呢？因为人们更容易被数值大的数据说服。我推测，负责营销这个产品的人员也知道这两种表述方式的不同之处，他非常聪明地选择了前者，从而让这款药剂的销量猛增。

美国大文豪马克·吐温在自传中写道，数字经常欺骗我，特别是在我自己整理它们时。针对这一情况，本杰明·迪斯雷利的说法十分准确："世界上有 3 种谎言：谎言、该死的谎言、统计数字。"

1.2 每个人都应掌握数据说服力

作为一名研究学者，我开始关注并研究"数据"。当然我的研究方向并不是复杂的贝叶斯公式，而是如何用数据说服用户。就像一款只能杀死 0.03% 的细菌的药剂，却通过突出"杀死 31108 个细菌"，就能让用户以为其效果惊人，从而影响用户的决策，提升销量。

这种通过数据说服用户，进而影响用户决策和行为的能力，我把它称为"数据说服力"。

在大数据时代，人们可以通过数据刻画整个世界，甚至预测未来。但是数据永远无法代替真实世界，数据滥用的现象也时有发生。从收集到处理，从可视化到信息表达，数据在每个环节都可能被人"动了手脚"，让人防不胜防。不过数据永远都是那些数据，数据是客观存在的，撒谎的并不是数据本身，而是数据使用者——他们把数据"精心打扮"。

早在 1955 年，美国作家达莱尔·哈夫就出版了《统计数字会撒谎》一书。该书用大量生动有趣的实例揭露了当时美国社会中利用数据造假的现象，引起了极大反响。书中提到的一些用数据"撒谎"的方法，如样本选择偏差、平均值的选择以及相关性的滥用，现在仍然十分常见。

为了提升大众对"数据说服力"的认知，让更多人可以利用数据说服他人，同时不被他人的数据误导，我将近几年对"数据说服力"的研究成果写成本书，在书中由浅入深地对数据影响用户的完整流程进行解析。零基础的读者可以通过阅读本书，系统化地提升自己解读数据以及用数据"说话"的能力。

第2章

没有对比就没有伤害

——参照点

2.1 收入增加了1万元为何还会沮丧

2002年，学术界发生了一件奇怪的事。这一年的诺贝尔经济学奖居然授予了心理学家卡尼曼。请注意，"经济学奖"被授予了"心理学家"！这个卡尼曼有何神奇之处，竟获得了经济学界的青睐？

卡尼曼研究的"行为经济学"打破了传统经济学的局限，重视人的非理性行为，通过观察和实验等方法对个体和群体的经济行为特征进行研究。卡尼曼的研究中有一个非常经典的案例，他找到各种各样的人进行询问，让他们从以下两个方案中进行选择。

> **方案A.** 其他同事的年收入为6万元，你的年收入为7万元。
> **方案B.** 其他同事的年收入为9万元，你的年收入为8万元。

作为一个理性的人，我肯定会选择方案B，因为方案A的年收入是7万元，而方案B的年收入是8万元，整整多了1万元。

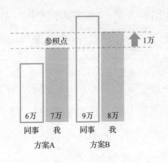

可卡尼曼的调查结果出人意料：大部分人选择了方案A。这就是参照依赖：多数人对得失的判断往往根据参照点进行。一般人对决策结果的评价，是通过计算该结果相对于某一参照点的变化而完成的。人们看的不是最终的结果，而是最终结果与参照点之间的差异。

在方案A中，自己的年收入是7万元，参照点是同事的6万元，自己比同事多1万元，所以可以接受。而在方案B中，自己的年收入是8万元，参照点是同事的 9 万元，自己比同事少 1 万元，所以不能接受。

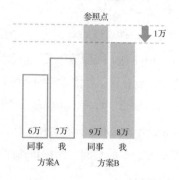

明明选择方案 B 能多得到 1 万元，却因为参照依赖，我们大部分人都变得不再理性。那么，能不能利用参照依赖增强我们的数据说服力呢？

2.2　突出数据优势的 6 种方法

小欣是一家公司的销售人员，30 岁的他平时工作非常努力，总是准点上班，晚上加班也毫无怨言。这个月他的业绩为 10 万元，他非常焦虑，问我该怎么办。

我问他："你这个月完成了 10 万元的业绩，是多还是少呢？"

他小声说道："当然是少啊，有同事完成了 12 万元呢！"

我笑了笑，说道："你看，如果你不告诉我其他同事的业绩，我根本不知道 10 万元的业绩是多还是少啊。"

下面我们就来看看小欣可以怎样通过数据描述他的业绩。

注意

以下各案例的数据相互之间没有关联。

▷ 2.2.1 部门占比是 20%——组织占比

如果以其他同事 12 万元的业绩作为参照点，10 万元的业绩的确不多；如果使用其他参照点，10 万元业绩传递出的信息可能就会不一样了。选用哪种参照点呢？比较简单的方式就是使用"组织占比"。

什么是组织？小欣所在的部门、公司和整个行业等都可以称为"组织"。而他这个月的业绩是 10 万元，在部门中的占比是 20%，这就是"组织占比"。

假设小欣要向他的上级汇报，对比以下两句话，你认为哪句话的数据更有影响力，更能说服他的上级呢？

> A. 完成了 10 万元的业绩。
> B. 业绩占部门销售额的 20%。

显然方案 B 的表述方式更有影响力。这里找到一个总和较小的组织的数据作为参照点，使用"组织占比"，让自己的数据看上去占比很高。

如果小欣仅仅说出"我的业绩占部门销售额的 20%"这十几个字，显得有些平淡。有什么方法可以让这个数据给人留下更深刻的印象呢？

假设小欣在汇报时使用 PPT，以下 3 种方案，哪种更好呢？

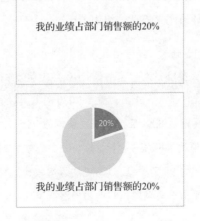

我的业绩占部门销售额的20%

很明显，通过图表来表达数据"20%"，让数据可视化，他人在听汇报时，不仅可以听，而且可以看，强化了记忆。最后他人也许只记得一张图，心想："小欣的业绩很棒，占到了部门销售额的20%。"

在将"20%"这个数据通过图表呈现出来时，我们可以运用两种图表：一种是饼图，另一种是环形图。它们都能可视化地呈现"20%"这个数据。

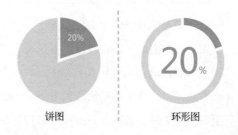

饼图   环形图

饼图和环形图是较为通用的图表，不管是表示1%还是表示99%，都可以使用。由于饼图在生活中很常见，一些人已经对它产生了审美疲劳，所以我更推荐使用环形图来表达"组织占比"。

ⓥ 在我们的生活中，通过"组织占比"来增强数据说服力的例子非常多。比如，中国互联网络信息中心（CNNIC）发布的第46次《中国互联网络发展状况统计报告》指出：截至2020年6月，我国网络视频（含短视频）用户规模达8.88亿，占网民整体的94.5%。如果仅说我国网络视频用户规模达8.88亿，则无法体现这个数据的庞大，但是加上了"占网民整体的94.5%"这句体现"组织占比"的话后，读者一下子就能知道我国几乎所有网民都使用网络视频。

華为的《華为 2019 年可持续发展报告》（以下简称“报告”）也使用了“组织占比”这一方法。报告显示，截至 2019 年年底，华为全球员工总数达 19.4 万人，其中从事研发工作的员工约有 9.6 万人，占比超过 49%。通过“49%”，我们了解到华为在研发上的投入之大，公司近一半的员工都是从事研发工作的。

▷ 2.2.2　部门排名第二——组织排名

“组织占比”是百试百灵的吗？并不是。如果小欣所在的部门人员较多，10 万元的业绩只能占部门销售额的 5%，那么使用“组织占比”就不能突出小欣的业绩了。也就是说，使用“组织占比”的本质，是寻找一个总和较小的组织的数据作为参照点来突出其中一部分数据的占比之大。

如果找不到数据总和较小的组织，“组织占比”就会失灵，这时就可以运用“组织排名”。比如，小欣的业绩是 10 万元，在部门中排名第二，这就是“组织排名”。

对比以下两句话，你认为哪句话的数据更有影响力，更能说服他人呢？

> A.　我完成了 10 万元的业绩。
>
> B.　我的业绩在部门中排名第二。

显然 B 的表述方式更有影响力。

单薄的文字不如可视化的图表有说服力，所以需要将“第二”这个数据可视化。

在对多种图表进行筛选之后，能够一目了然地显示“第二”的图表主要有两种：柱形图和条形图。

柱形图可以看作是条形图逆时针旋转了 90 度，二者在本质上没有什么区别。可由于柱形图在职场中随处可见，几乎任何数据都可以用柱形图来表示，查看数据的人可能已经对它产生审美疲劳了，所以我更推荐使用条形图来表达“组织排名”。

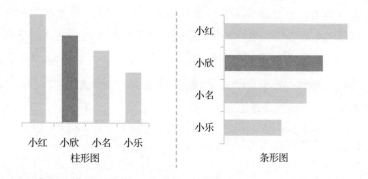

柱形图   条形图

在使用"组织排名"突出数据时，我们需要对图表中的数据进行排序，并将代表自己的数据条用不同的颜色加以突出，这样才能让查看图表的人一眼就看到核心信息"第二"。

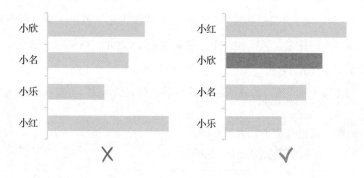

▷ 2.2.3　超过部门平均值 10000 元——组织均值

除了前面介绍的方法，还可以使用"组织均值"作为参照点，让自己的数据变得有说服力。比如，小欣说"我的业绩超过部门平均值 1 万元"，就是使用部门的平均值作为参照点，来突显自己的业绩为中等偏上水平。除了使用部门的平均值，也可以使用公司的平均值，甚至使用行业的平均值。

同样，为了让数据更有说服力，我们也要将"我的业绩超过部门平均值 10000 元"可视化。我尝试过使用各种图表，如柱形图、饼图、折线图、堆积图、旋风图，但没有找到合适的图表来突显"我的业绩超过部门平均值10000元"，所以我创造了一系列图形用来实现该数据的可视化。我把它们称作"优势图[①]"，也就是可以增强数据说服力的图形。当需要可视化地表达"我的业绩超过部门平均值10000元"时，我们可以用增长优势图[②]。

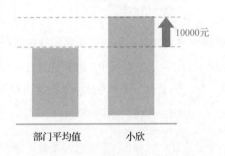

部门平均值　　　　小欣

增长优势图让"我的业绩超过部门平均值10000元"变得可视化，让小欣的上级看到他的业绩超过平均值很多。其实这个图形并不是非常严谨，毕竟它没有坐标轴，两个矩形不标注详细的数据，整张增长优势图中唯一的数据就是差额"10000元"。增长优势图中有两个非常重要的细节，能让看到这张优势图的人觉得数据非常可信。

整张增长优势图中，颜色最深的是什么？既不是数字"10000"，也不是两根虚线，而是那个大大的箭头。他人在回忆小欣的汇报时，也许很难记住详细的数字，但是很可能会记得那个大大的深色箭头，心想"小欣的业绩高出部门平均值很多，非常棒"。

如果数据超出组织均值较多，达到组织均值的2倍甚至3倍，这时就可以使用翻倍优势图[③]了。

---

① 优势图一共有12种，下文将一一介绍。

② 增长优势图的制作方法：在PPT里绘制3根线、2个矩形和1个箭头即可。

③ 翻倍优势图是可以用于表示"番数"和"倍数"的优势图，它的制作方法：在PPT中绘制3个矩形、1个箭头和1根横线即可。

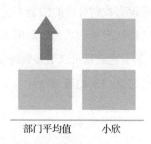

部门平均值　　　小欣

翻倍优势图可以让他人一目了然——小欣的业绩已经是部门平均值的2倍（也可以说是翻了一番）。在职场中，翻倍优势图可以用于表示各种与"番数"和"倍数"相关的数据，如"产品销量比部门平均值翻了两番"，或者"部门营业额是公司平均值的3倍"等。

Ⓥ 在我们的生活中，通过"组织均值"来增强数据说服力的案例非常多。比如，某品牌汽车2020年第二季度的安全报告显示，该品牌的汽车在有Autopilot自动辅助驾驶系统参与的情况下，平均每453万英里（约729万千米）的行驶里程会出现一起交通事故。而美国国家公路交通安全管理局的数据显示，美国平均每47.9万英里（约77万千米）的行驶里程会出现一起交通事故。也就是说，该品牌汽车的事故率要低于平均值。该品牌将美国发生交通事故的平均值作为参照点，突显了自己的汽车事故率较低的特性。

Ⓥ 又如，厦门市城市体检报告显示，厦门市居民总体满意度得分为87.3分，居民在"生态宜居、健康舒适、安全韧性、交通便捷、风貌特色、整洁有序、多元包容、创新活力"八大方面的满意度均高于全国平均值。

▷ 2.2.4　是公司标准的1.3倍——组织标准

如果组织有标准，如公司标准、行业指导意见或国家规定等，那么这些组织标准会是非常好的天然参照点。

比如，小欣所在公司的当月业绩标准为8万元，那么小欣10万元的业绩就比当月业绩标准高出 2 万元。以此为基础，如果再配上增长优势图，就可以变得非常有说服力。

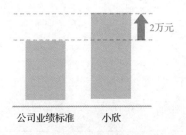

2 万元

公司业绩标准　　　小欣

　　小欣的业绩为 10 万元，比公司当月业绩标准 8 万元高出 2 万元。在表述时有没有其他方法可以让它的说服力更强呢？我们可以对比以下两种表述方式。

> A. 高出 2 万元。
> B. 高出 20000 元。

　　方案 B 将"2 万"改成了"20000"。虽然在口述的时候二者是一模一样的，但是在书面表达时，"20000"要比"2"更有视觉冲击力，所以我推荐使用"比公司当月业绩标准高出 20000 元"这种表述方式。

　　方案 A 采用的是以"万元"为单位的简写方式，方案 B 采用的是以"元"为单位的标准书写方式。以上案例中的数字较大，所以要采用方案 B，但这种方式在某些场景中并不适用。比如，如果小欣所在部门的业绩比公司业绩标准高出 100 万元，其采用"1000000 元"这种书写方式。虽然从数字角度来说，"1000000"比"100"要大很多，但是由于有太多的 0，他人需要花费精力去确认这是 10 万、100 万，还是 1000 万，甚至为了防止出错，还要再细看 2 ~ 3 次。这可能不仅不能让他人觉得高出的 100 万元有优势，反而觉得"这么多 0，根本不易读取，为什么不写成'100 万'呢"。所以在职场中，我们约定俗成地将 10 万及以上的数据全部采用简写方式书写，如 15 万、4300 万和 3.4 亿，而不是 150000、43000000 和 340000000。

✗ 2万	✓ 20000
✓ 15万	✗ 150000
✓ 4300万	✗ 43000000
✓ 3.4亿	✗ 340000000

在职场中，我们有时也会使用百分比和倍数。比如，小欣这个月有 20 个新客户，而公司的新客户标准是 15 人，那么对此将有以下 3 种表述方式。

A. 多出公司新客户标准 5 人。
B. 约高出公司新客户标准 33%[①]。
C. 约是公司新客户标准的 1.3 倍[②]。

这 3 种表述都可以采用增长优势图呈现。比如，表示小欣的新客户数比公司新客户标准约高出 33%，可以使用以下优势图。

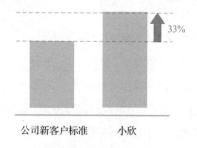

公司新客户标准　　　　小欣

在使用"组织标准"时需要注意，必须要保证自己的数据是优于组织标准的，"优于"可以有两种情况，一种是"超出"，如"多出公司业绩标准 5000 元""超过行业标准 20%""是国家规定的 1.2 倍"等；另一种是"低于"，如"报废率低于公司标准 5%"。

---

① 小欣这个月有 20 个新客户，比公司新客户标准的 15 人多出 5 人，多出的 5 人约占 15 人的 33%。计算式为（20–15）/15 × 100% ≈ 33%。
② 小欣这个月有 20 个新客户，公司新客户标准是 15 人，小欣的新客户数约是公司新客户标准的 1.3 倍。计算式为 20/15 ≈ 1.3。

在我们的生活中，通过"组织标准"来增强数据说服力的案例非常多。比如，2021 年 3 月，国家粮食和物资储备局表示，当前我国粮食库存充实、供给充裕，保障粮食市场供应和平稳运行有基础、有条件。从人均占有量来看，我国人均粮食占有量超过 470 公斤，远高于国际粮食安全标准线。国家粮食和物资储备局就是通过"组织标准"来突显我国人均粮食占有量是充足的。

▷ 2.2.5 与第一名只差 1 千元——组织参照

在组织中，除了使用占比、排名、均值和标准，我们还可以以特殊人物作为参照点。比如，"我的业绩与第一名只差 1 千元"，将部门第一名的业绩作为参照点来增强数据说服力。另外，为了突显自己的数据和第一名的差距很小，我们通常会使用关键词"只"或"仅仅"。比如，"我的业绩与第一名的仅仅差 1 千元"。

在和第一名进行比较时，是采用简写方式还是采用标准书写方式呢？我们可以比较以下两种表述方式。

> A. 我的业绩与第一名的只差 1 千元。
> B. 我的业绩与第一名的只差 1000 元。

在口述时，这两种方式没有任何区别，但在视觉上，数字 1000 要"大于"数字 1，而现在的目标是尽可能地让差距变小，所以方案 A 的表述更符合要求。与此同时，这种要突出差距小的情况，就不适宜用增长优势图了。

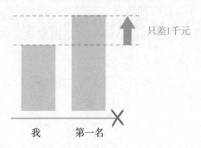

这时可以使用数据接近优势图 [1]。数据接近优势图不需要突显数据的差距，所以图中没有任何箭头，只需要使两个矩形的长度尽可能地接近，以让看到优势图的人觉得"数据非常接近"。

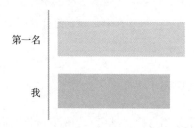

使用数据接近优势图有两个注意事项。第一，为了区分两个长度相近的矩形，通常会将自己的数据用彩色表示，而将第一名的数据用灰色表示。第二，通常将第一名的数据放在上面，把自己的放在下面。因为我们理解图形的顺序一般是从上至下的，把第一名的数据放在上面，符合人们的理解习惯，不会让人对数据产生误解。

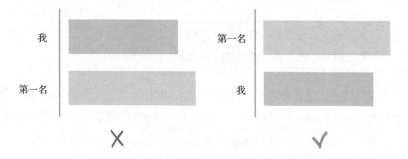

如果自己已经是第一名，这时可以使用第二名作为参照点来增强数据说服力。

⊘ 比如，根据第一财经发布的内容，在"2020 年 GDP 十强地级市"中，"领头羊"苏州在地级市里遥遥领先，是唯一一个 GDP 总量突破 2

---

① 数据接近优势图的制作方法在 PPT 中绘制 2 个矩形和 1 根直线即可。

万亿元的城市，超出第二名无锡 7800 亿元，被誉为"最牛地级市"。这里就使用了"组织参照"，将第二名作为参照点，突出第一名苏州的 GDP 非常高。此时可以使用条形图加上箭头来可视化数据，以增强用户的感知。

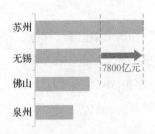

如果数据体量巨大，甚至可以用第二名和第三名的总和作为参照点。在可视化这些数据时，增长优势图将不再适用，这时可以使用超过总和优势图 [①] 来可视化数据。

▷ 2.2.6　比同事高出 11%——竞品参照

除了以上 5 种方法，我们还可以寻找竞品作为参照点进行比较。比如，小欣和小缘是同时进入公司的两位新人，那么小缘就是小欣的"竞品"。小欣的业绩是 10 万元，小缘的业绩是 9 万元，那么小欣可以说"我的业绩比小缘的业绩多了 1 万元，超过了 11%"，然后再配上增长优势图，就可以让数据更有说服力。

---

① 超过总和优势图的制作方法：在 PPT 中绘制 3 个矩形、3 根直线和 1 个箭头即可。

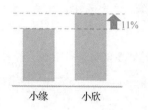

小缘 　 小欣

这张"增长优势图"在本书中出现了多次，作为读者的你很有可能已经产生了审美疲劳，心想"怎么老是这张图啊"。所以在将数据可视化时，专家们还会使用示意图。比如，小欣的业绩是 10 万元，小缘的业绩是 9 万元，小欣的业绩比小缘的业绩高出约 11%，可以用以下两种示意图表示。

小缘 　 　 　 小欣

在以上示意图中，分别用硬币和钱袋来表示"业绩"，这正是示意图的优势——个性化程度高，每个人可以使用不同的形式来表示各种物体或者人物，如"业绩"可以用硬币、钱袋或者纸币等表示，客户可以用头像、人群或人物表示，产品可以用正方形、正方体或礼品袋表示，等等。

业绩　 ¥ 　 ⌂ 　 ＄ 　 ……

客户　 ⚇ 　 ⚈ 　 ⚇ 　 ……

产品　 ⊞ 　 ⬦ 　 🛍 　 ……

……………

灵活多样的示意图相较于样式单一的优势图来说，不易使人产生审美疲劳。但任何事物都是有两面性的，示意图虽然个性化程度高，但需要制作者花费较多时间和精力去设计；而优势图虽然样式单一，但是制作方法简单。所以是使用示意图还是优势图，完全取决于你的意愿。

在做产品营销时，"竞品参照"的方法尤为常用。比如，数码钻研社在一篇对比 iQOO 7 和小米 11 这两款手机的文章中提到，在 iQOO 7 和小米 11 分别运行 30 分钟《原神》游戏之后，前者的温度比后者的低了 3.9℃，散热表现差距非常明显。这就是将小米 11 作为参照点来突显 iQOO 7 的散热性能好。而且从散热性能的角度来说，温度并不是越高越好，而是越低越好，所以增长优势图就不再适用，取而代之的是降低优势图。比如，在运行了 30 分钟《原神》后，iQOO 7 的温度比小米 11 的温度低了 3.9℃，可以使用下图来表示。

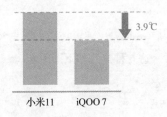

当然，我们也可以使用个性化程度更高的示意图来表示这一对比结果。

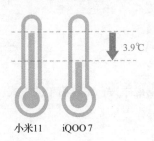

前文的大部分案例中的数据，如"业绩"、"销量"和"客户数"等都是数据越大越好，但本案例中的数据是越小越好。生活中也有很多越小越好的数据，如"错误率"、"投诉率"、"添加剂含量"、"成本"和"充

电时间"等。比如，上文对 iQOO 7 和小米 11 这两款手机进行对比的文章还提到，iQOO 7 充满电只用了不到 15 分钟，而小米 11 充满电则足足耗时47 分钟，iQOO 7 的充电时间不到小米 11 充电时间的 1/3。这也是利用小米11 作为参照点来突显 iQOO 7 的充电速度之快。而"iQOO 7 的充电时间不到小米 11 充电时间的 1/3"可以使用缩倍优势图 [①] 表示。

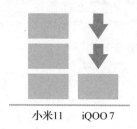

小米11　　iQOO 7

2.3　通过参照点增强数据说服力的 3 个步骤

小欣的业绩为 10 万元，他可以通过运用参照点突出优势的 6 种方法，让数据变得更有说服力。这 6 种方法如下图所示。

如果我们想增强数据说服力，比较简单的方式就是通过参照点来进行对比，而这一过程可以拆分成 3 步。

第一步：选择参照点。

数据在没有参照点对比的情况下很难突显自身的优势。就像小欣 10

---

① 缩倍优势图用于展示数据缩小到几分之一。制作方法为在 PPT 中绘制 4 个矩形、2 个箭头和 1 根横线。

万元的业绩，如果以公司第一名的业绩 12 万元作为参照点进行对比，这一业绩并不高，但如果从小欣对部门的贡献来看，他的业绩比部门的平均值 9 万元还略高。

在选择参照点时，我们可以使用组织占比、组织排名、组织均值、组织标准、组织参照和竞品参照这 6 种方法。这 6 种方法并非要全部使用，不然会让整个数据表述显得非常"臃肿"，如"小欣的业绩为 10 万元，占部门销售额的 20%，部门排名第二，超出部门平均值 1 万元，是公司标准的 2 倍"。

这句话运用了 4 种方法，导致冗长的句子里出现了"10 万"、"20%"、"第二"、"1 万"和"2 倍"，这需要他人花费大量的精力去理解，而且这些数据都只是为了表达一个意思——"小欣的业绩很好"，这会给查看数据的人带来极大的困扰。所以，我们通常会在这 6 种方法中选择一到两种来进行表述。

第一步：选择参照点

第二步：选择对比结果。

选择某一种参照点进行对比后，接下来就要选择对比结果，也就是在数值、百分比、倍数和分数这 4 种对比结果中选择一种最合适的方式。比如，要表示小欣的新客户数高出公司新客户标准 5 人，可以采用数值的方式"高出公司新客户标准 5 人"，或者采用百分比的方式"约高出公司新客户标准 33%"，或者采用倍数的方式"约是公司新客户标准的 1.3 倍"。如果要表示小欣的客户投诉人数低于公司标准 3 人，则可以采用数值的方式"低于公司标准 3 人",或者采用百分比的方式"低于公司标准50%",或者采用分数的方式"是公司标准的 1/2"。

第二步：选择对比结果 数值·百分比·倍数·分数

第三步：选择可视化方法。

找到参照点并选择对比结果后，最终需要配上相应的图表[①]、优势图、示意图或者图片，从而把数据可视化，让数据更加可信。

"组织占比"通常会使用环形图呈现，"组织排名"通常会使用条形图呈现，而"组织均值"、"组织标准"、"组织参照"和"竞品参照"则会使用不同的优势图呈现，如增长优势图、降低优势图、翻倍优势图、缩倍优势图、数据接近优势图和超过总和优势图。

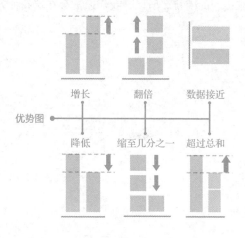

图表和优势图虽然使用起来非常简单，但是个性化程度不高。如果制作者有能力，可以使用示意图或图片，让数据的呈现方式更具特色，进一步提高数据的可信度。

---

① 这里的图表指的是在 Excel 或 PPT 等软件中，以数据为基础，通过软件自带的图表功能自动生成的图表。

第三步：选择可视化方法　⑪ 图表　⬆ 优势图　☺ 示意图　🖼 图片

注意

除图片外，图表、优势图和示意图这 3 种可视化方法不能同时使用。比如，小欣的业绩是 10 万元，小缘的业绩是 9 万元，小欣的业绩比小缘的业绩高出约 11%，在使用可视化方法时不可以同时使用优势图和示意图。因为查看数据的人会误以为它们表现的是两组数据，从而产生误解。

为了方便记忆，通过参照点增强数据说服力的完整流程可以归纳为以下模型。

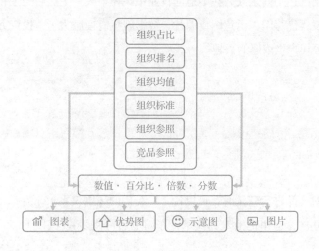

上图仅仅是通过"参照点"增强数据说服力的流程模型，并不是最终版本，本书的后续章节还会继续介绍包括"统计方法""其他指标""时间点""可视化方法"等在内的完整的数据说服力模型。

2.4 数据说服力的使用场景

在介绍通过参照点增强数据说服力的 6 种方法时，使用了小欣完成了 10 万元的业绩，并向上级汇报的场景。而做汇报只是数据说服力的一种使用场景而已，公司介绍、产品营销、自我介绍和对外发布数据等都可以使用数据说服力。

比如，在向投资方介绍公司时说："公司成立三年来，每年的利润都在百万元以上，现在已经有 20 条产品线，公司员工已达 100 余人。"这样的表述并没有错，但看这些数据的人会觉得平淡无奇。使用本章介绍的方法进行修改后，该表述可以变成："公司成立三年来，年利润从未低于 100 万元，高出行业平均值 20 万元，并且每年利润都以 10% 的速度增长；在不断的努力下，原先的 2 条产品线已扩展到了 20 条，为原来的 10 倍；现有员工已达 100 余人，在本地同行业中规模最大。"然后配上相应的可视化图表、优势图、示意图或图片，数据就更有说服力了，投资方就很有可能对公司产生浓厚的兴趣。

公司成立三年来，--▶ 公司成立三年来

每年的利润都在百万元以上，--▶ 年利润从未低于100万元，高出行业平均值20万元，
并且每年利润都以10%的速度增长；

现在已经有20条产品线，--▶ 在不断的努力下，原先的2条产品线已扩展到了20条，
为原来的10倍；

公司员工已达100余人。--▶ 现有员工已达100余人，在本地同行业中规模最大。

在对产品进行营销时，可以说："我们的牙刷仅重 125 克，每分钟震动 48000 次，运用电池专利技术，充满电后可使用 60 次以上。"这样的

表述并不能极大地引起客户的购买欲。稍加修改，牙刷的优势就很明显了，也许就能够大大提升产品的销量。

我们的牙刷仅重125克，　- - ►　我们的牙刷仅重125克，
　　　　　　　　　　　　　　　与一支普通钢笔的重量相当，拿在手上毫不费力；
每分钟震动48000次，　- - ►　每分钟震动48000次，清洁程度在电动牙刷领域排名第一；
　运用电池专利技术，　- - ►　运用独家的电池专利技术，充满电后可使用60次以上，
充满电后可使用60次以上。　　是电动牙刷行业标准的3倍多。

在做自我介绍时，可以说："我从事计算机行业 3 年，曾在甲公司担任产品经理，参与过近 20 个项目的开发。"这样的表述过于平淡，很难让对方觉得你很厉害。参照下面的例子进行修改，修改后的自我介绍通过数字突出了成绩，让人印象深刻。

我从事计算机行业3年，　- - ►　我从事计算机行业3年，
曾在甲公司担任产品经理，- - ►　在甲公司担任产品经理期间，
参与过近20个项目的开发。- - ►　参与了20个项目的开发，
　　　　　　　　　　　　　　　这些项目占全公司项目的90%，为公司带来利润总和
　　　　　　　　　　　　　　　超过1000万元。

数据说服力可以应用在工作汇报、公司介绍、产品营销、自我介绍等场景。小到在菜市场卖菜时用数据体现菜价低，大到用数据展现某个行业的发展，说数据说服力的使用场景非常多，运用数据说服力是每个人必备的一种技能。

而查看数据的人可能是职场中的上级、参观视察的领导、企业产品的客户、亲朋好友以及广大群众。为了便于理解和表述，下文将统一使用"受众"代表所有查看数据的人。

第 **3** 章

给受众最好的数据

——统计方法

3.1 战斗机机翼弹痕多，所以就要加固机尾吗

1941 年，在第二次世界大战中，英国空军伤亡惨重，一架架战斗机坠毁导致军费严重不支。美国哥伦比亚大学的统计学教授沃德，想利用其在统计方面的专业知识来提供关于"飞机应该如何加强防护，才能降低被炮火击落的概率"的建议。

沃德教授与随行的军官在查看所有停在维修库的战斗机后发现，战斗机机翼的弹痕较多，而机尾部分弹痕较少。于是军官提出：我们是不是应该加固机翼呢？

沃德教授当然不会轻易下结论，他开始检查资料、询问返回的驾驶员，最终发现研究的所有战斗机都是安全返回并停在维修库里的，而很多没返回的战斗机已经找不着了。所以他大胆地设想：战斗机之所以能安全回来，恰恰是因为机尾弹痕少，一旦机尾被击中，战斗机就无法返航，而机翼被多次击中的战斗机，似乎还是能够安全返航。他由此得出了增强机尾防护的结论。最后军方采用了沃德教授的建议，并且后来该建议被证实是正确的。

看到"战斗机机翼的弹痕较多，而机尾部分弹痕较少"，就得出"需要加固机翼"的结论，这被称为"幸存者偏差"。因为军官只看到了在维修库内幸存下来的战斗机，并没有去查看那些没有返航的战斗机。从统计学的角度来说，假设有 100 架战斗机参与战争，仅查看已经返航的 10 架，而忽略那 90 架未返航的，这样通过样本统计得出的结论肯定是不准确的。

可是大部分查看信息的受众都是这样的——只关心自己看到的信息，无法考虑到那些没有看到的信息。

比如，一个孕妇到北京某妇产医院做产前检查，看到了许多的孕妇，回到家里就和家人说："北京的孕妇那叫一个多啊。"可是她只看到了妇产医院里的很多孕妇，并没有看到北京所有的人。

又如，有人常说："孩子都是别人家的好。"可是他们往往记住的是少数成绩优异、听话懂事的孩子，自觉或不自觉地忽略了占据大部分的那些自己没有看到的孩子；而且他们看到的"优秀孩子"的样本信息也并不完整，看到的更多的是他们成绩优异而不是在家刻苦学习，以及他们听话懂事而不是其父母的谆谆教导。

再如，媒体调查"人类长寿的秘诀"，采访了 10 位超过 100 岁的老人，发现其中有 9 位是吃素的，就得出结论"吃素的人长寿"。实际上，可能还有更多经常吃素但不长寿的人已经去世了，媒体根本不可能调查他们。

甚至面向公众的公开性调查，也往往存在"幸存者偏差"。比如，有人拿着话筒上街调查，询问路人"你是否能接受房价上涨？"看似样本是随机的，但"不能接受"的人可能根本不想回答这个问题，甚至根本就不会在这条街上出现。

前微软（中国）总裁唐骏在 2008 年参与出版了《我的成功可以复制》一书，掀起了大家向成功者学习的热情。但受众往往会忽略一个事实："失败"的人几乎是没有机会侃侃而谈的。

"幸存者偏差"是指受众只会看自己看到的，而忽略他们看不到的。这与数据说服力有什么关系呢？利用"幸存者偏差"，挑选合适的数据让受众看到，从而让他们忽略看不到的数据。这也是增强数据说服力的常用方法。

"组织占比"方法中，小欣说自己的业绩占部门销售额的 20%。受众的第一感觉是小欣的业绩占比很高，而不会关注小欣所在部门的整体表现。

"组织排名"方法中，小欣说自己在部门排名第二。受众的第一感觉是小欣在部门中排名靠前，而不会关注小欣的部门同事的表现。

"组织均值"方法中，小欣说自己的业绩超出部门平均值 10000 元。受众的第一感觉是小欣的业绩在部门中等偏上，而不会关注部门里新员工的业绩情况。

"组织标准"方法中，小欣说自己的业绩是公司标准的 1.3 倍。受众的第一感觉是小欣的表现非常好，而不会关注全公司所有人的情况。

"组织参照"方法中，小欣说自己与第一名的业绩只相差 1000 元。受众的第一感觉是小欣与第一名差距不大，而不会关注小欣的部门同事的业绩表现。

"竞品参照"方法中，小欣说自己的业绩比小缘高出约 11%。受众只会感觉小欣的表现超过小缘，但不会注意到小缘因为生病，有 10 天在家休息。

3.2　4 种经典的统计方法

"小欣完成了 10 万元的业绩"利用了统计方法中的"总和"，除了"总和"，还有"计数"、"平均值"和"最值"这 3 种统计方法可用于增强数据的说服力。以下将详细介绍如何通过这 4 种统计方法增强数据说服力。

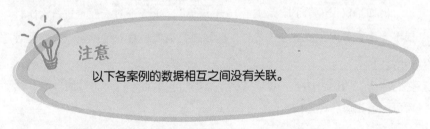

注意

以下各案例的数据相互之间没有关联。

▷ 3.2.1　方法一：总和

"总和"是常用的一种数据统计方法，如"小欣完成了 10 万元的业绩"，通过参照点进行对比，详见下表。

参照点	表述方式
组织占比	总和占部门销售额的 20%
组织排名	总和在部门排名第二
组织均值	总和超出部门平均值 10000 元
组织标准	总和是公司标准的 2 倍
组织参照	总和与第一名只差 1000 元
竞品参照	总和超出小缘约 11%

✅ 在生活中使用"总和"来增强数据说服力的案例非常多。比如，安踏体育发布的 2020 年财报显示，截至 2020 年 12 月 31 日，安踏体育年度营收实现连续 7 年增长，2020 年实现净利润 51.62 亿元，一举超越某品牌。其中"净利润 51.62 亿元人民币"就是采用"总和"的统计方法，"一举超越某品牌"就是采用竞品参照，突显了安踏体育 2020 年的净利润非常可观。

▷ 3.2.2　方法二：计数

除了"总和"，"计数"也是较为常用的一种统计方法。"计数"就是计算个数，如小欣完成了 15 笔订单，其中"15"就是小欣的订单数。

但如果仅仅说"小欣完成了 15 笔订单"，而不通过参照点进行对比，根本无法突显出小欣业绩的优秀，所以还是需要通过 6 种参照点来增强数据的说服力。

使用"组织占比"，可以表明小欣的订单数占部门订单数的 40%，然后再配上相应的环形图。

使用"组织排名"，可以表明小欣的订单数在部门排名第二，然后再配上相应的条形图。

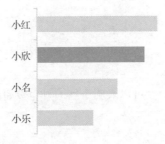

使用"组织均值"，可以表明小欣的订单数超出部门平均值30%，然后再配上相应的增长优势图。

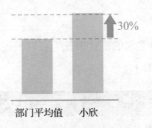

使用"组织标准"，可以表明小欣的订单数是公司标准的2倍，然后再配上相应的翻倍优势图。

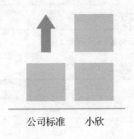

使用"组织参照"，可以表明小欣的订单数与第一名只差1笔，然后再配上相应的数据接近优势图。

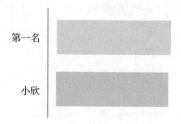

第一名

小欣

使用"竞品参照",可以表明小欣的订单数超出小缘 6.7%,然后再配上相应的示意图。

小欣的业绩通过"计数"的统计方法,可以表述为"完成 15 笔订单",通过参照点进行对比,可以总结为下表。

参照点	表述方式
组织占比	订单数占部门订单数的 40%
组织排名	订单数在部门排名第二
组织均值	订单数超出部门平均值 30%
组织标准	订单数是公司标准的 2 倍
组织参照	订单数与第一名只差 1 笔
竞品参照	订单数超出小缘 6.7%

Ⓥ 在生活中使用"计数"来增强数据说服力的案例非常多。比如,2021
年 3 月 28 日,良品铺子发布 2020 年年度报告,显示报告期内公司实
现营收 78.94 亿元,全渠道拥有 13 个品类共 1256 个 SKU[①],全渠道

---

① SKU:最小存货单位(Stock Keeping Unit)。在运营管理中,SKU 用来表示商品的最
小单元。

终端零售额超过 1000 万元的 SKU 有 275 个，其中新品 SKU 有 38 个，超过同业的 SKU 数量。

良品铺子就是使用"计数"来统计 SKU 的，再以"超过同业的 SKU 数量"来突出自己产品品类之多。

▷ 3.2.3 方法三：平均值（中位数）

除了"总和"和"计数"，"平均值"也是较为常用的统计方法。如果小欣的业绩总和并不多、订单数量也不高，那么平均值就是一个非常好的展示自己工作业绩的方式。小欣的业绩清单如下图所示。

小欣的业绩清单/元	
订单1	500
订单2	600
订单3	800
订单4	900
订单5	1100
订单6	1100
订单7	1500
订单8	1800
订单9	1900
订单10	2000
订单11	2200
订单12	4800
订单13	9700
订单14	21100
订单15	50000
合计	100000

而部门业绩总和第一的小红的业绩清单如下页图所示。

小红的业绩清单/元	
订单1	600
订单2	700
订单3	900
订单4	1100
订单5	1100
订单6	1200
订单7	1300
订单8	1800
订单9	2000
订单10	2100
订单11	3600
订单12	4000
订单13	5800
订单14	9800
订单15	22000
订单16	43000
合计	101000

小欣的业绩总和是 10 万元, 比小红的要少 1000 元, 订单数也比小红的少一笔。但是如果计算平均值可以发现, 小欣的平均订单业绩约为 6666元, 而小红的平均订单业绩约为 6312 元。也就是说, 小欣的平均订单业绩比小红的高出 354 元。通过"平均值"的统计方法, 利用 6 种参照点来增强数据说服力的详细表述方式如下。

使用"组织占比", 小欣的平均订单业绩可以占到部门业绩的多少呢? 这句话在逻辑上是不通的, 怎么可以拿某个人的平均值和一个组织的总和来进行比较呢? 所以在采用"平均值"的统计方法时, "组织占比"是无法使用的。

使用"组织排名", 可以表明小欣的平均订单业绩在部门排名第一, 然后再配上相应的条形图。

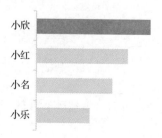

使用"组织均值"，可以表明小欣的平均订单业绩比部门的平均值高出 10%，然后再配上相应的增长优势图。

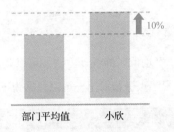

使用"组织标准"，可以表明小欣的平均订单业绩是公司标准的 2 倍，然后再配上相应的翻倍优势图。

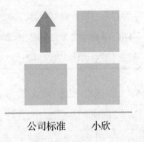

使用"组织参照"，可以表明小欣的平均订单业绩比第二名高出 354 元，然后再配上相应的增长优势图。

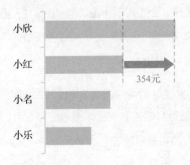

使用"竞品参照"，可以表明小欣的平均订单业绩比小缘高出 238 元，然后再配上相应的示意图。

小欣　◈◈◈◈◈◈◈◈◈◈◈◈◈　↑238元

小缘　◈◈◈◈◈◈◈◈◈◈◈

小欣的业绩通过"平均值"的统计方法，可以表述为"平均订单业绩约为 6666 元"，通过参照点进行对比，可以总结为下表。

参照点	表述方式
组织占比	/
组织排名	平均订单业绩在部门排名第一
组织均值	平均订单业绩比部门的平均值高出 10%
组织标准	平均订单业绩是公司标准的 2 倍
组织参照	平均订单业绩比第二名高出 354 元
竞品参照	平均订单业绩比小缘的高出 238 元

(V) 在生活中使用"平均值"来增强数据说服力的案例非常多。根据国际货币基金组织（IMF）公开的信息，按购买力换算，德国的人均 GDP 约为 5.4 万美元，法国的人均 GDP 约为 4.6 万美元，英国的人均 GDP 约为 4.4 万美元，日本的人均 GDP 略微超过 4.2 万美元，韩国的人均 GDP 约为 4.46 万美元。韩国的人均 GDP 不仅超过了日本，而且也超过了英国，但略低于法国。"人均 GDP"就是使用了"平均值"的统计方法，以日本、英国和法国的人均 GDP 作为"竞品参照"，突显出韩国的人均 GDP 较高。

(V) 除此之外，智联招聘 2021 年 2 月发布的《2020 年白领年终奖调研报告》指出，2020 年全国白领年终奖平均值为 7826 元，北京白领年终奖平均值为 13258 元，在全国领先。该调研报告就是拿全国白领年终奖的平均值进行比较，并且采用"组织排名"的方法，突出了北京白领年终奖的数额巨大。

我们日常生活中的平均值是怎么计算的呢？计算出所有样本的总和，然后再除以样本个数就行了。比如，小欣的平均订单业绩的计算方法如下。

$$\frac{500+600+800+900+1100+1100+1500+1800+1900+2000+2200+4800+9700+21100+50000}{15} \approx 6666$$

但从统计学角度来说，这种我们在生活中常用的平均值属于"算数平均值"。从严格意义上说，平均值分为算术平均值、中位数、众数、几何平均值、加权算术平均值和调和平均值等。

除了算术平均值，中位数在日常生活中的应用也很广泛。

中位数又称中值，为统计学中的术语，是指按顺序排列的一组数据中居于中间位置的数据。比如，小欣的15笔订单中，中位数是按数字大小排序后的第8位对应的业绩，即1800元。

小欣的业绩清单/元	
订单1	500
订单2	600
订单3	800
订单4	900
订单5	1100
订单6	1100
订单7	1500
订单8	1800	中位数
订单9	1900
订单10	2000
订单11	2200
订单12	4800
订单13	9700
订单14	21100
订单15	50000
合计	100000

为什么小欣的算术平均值约为 6666 元，而中位数只有 1800 元呢？因为小欣的 15 笔订单中存在金额特别大的，从而拉高了平均值，除了订单 14 和订单 15 外，其他订单都在 1 万元以下。也就是说，这些订单都是"被平均"的。把小欣的 15 笔订单放到坐标轴中，可以更加明显地看到数据的分布情况。

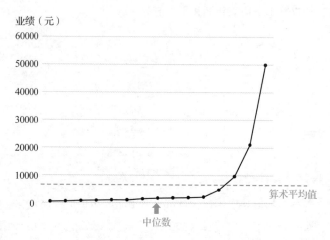

由此可见，算术平均值常常会被极大值或极小值影响，而中位数不会。中位数就像把数据样本一分为二，样本里一半的数据比中位数大，而另外一半的数据比它小。

比如，依据联合国世界人口展望报告，印度人口年龄中位数为 28.4 岁，法国人口年龄中位数为 42.3 岁。通过中位数可以发现，印度人的年龄普遍较小，所有人口中，有一半人的年龄在 28.4 岁以下，而且以法国人年龄的中位数作为"组织参照"进行对比后发现，印度人的年龄非常小。

在使用中位数作为统计方法时，也可以使用除"组织占比"的其他 6 种参照点来增强数据说服力。只不过在向受众表述时，必须要向受众解释什么是中位数，毕竟受众都非常熟悉算数平均值，而对中位数相对陌生。

▷ 3.2.4　方法四：最值

除了总和、计数和平均值，还有两种统计方法也比较常用，那就是"最大值"和"最小值"，我们可以把它们统称为"最值"。

我们在表述数据时，一般不会同时使用"最大值"和"最小值"，而是使用其中一种。比如，小欣不会说："我这个月的最大订单业绩高达 5 万元，是全公司第一名；最低是 500 元，比小缘的最低值高出 25%。"

"最值"的统计方法也需要选择适当的参照点才能增强数据说服力。

> **注意**
>
> 一般数据不同、想传递的信息不同，所选择的参照点也会不同。以下在选择不同参照点时，所假设的数据之间没有关联，如选择"组织排名"与选择"组织参照"时所假设的数据是两组数据。

使用"组织占比"，小欣的最大订单业绩可以占到部门业绩的多少？这句话在现实中很少出现，因为小欣的一笔订单的业绩很难在部门业绩中占到较大比重。就算在部门业绩中占到了较大比重，小欣完全可以使用"总和"的统计方法来增强数据说服力，因为其业绩总和在部门中的占比肯定会大于最大订单业绩在部门中的占比。比如，小欣的最大订单业绩可能只占部门业绩的 5%，但是小欣的业绩总和一定占部门业绩的 5% 以上。在这种情况下，我们会选用"总和"而不是"最大值"。所以在采用"最值"的统计方法时，"组织占比"这种参照点是无意义的。

使用"组织排名"，可以表明小欣的最大订单业绩在部门排名第一，然后再配上相应的条形图。

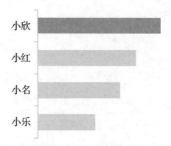

　　使用"组织均值"，小欣的最大订单业绩比部门平均值高多少呢？这句话在逻辑上是不通的，怎么可以拿某人的最大值和一个组织的平均值进行比较呢？改成"小欣的最大订单业绩，比部门最大值的平均值高"呢？也就是把所有人的最大值取出来，然后计算它们的平均值。但这一"最大值的平均值"本身没有实际意义，而且在语言上也难以理解。所以在采用"最值"的统计方法时，"组织均值"这种参照点是无意义的。同理，在采用"最值"的统计方法时，"组织标准"这一参照点也是无意义的。

　　使用"组织参照"，可以表明小欣的最大订单业绩排名第一，比第二大的订单业绩高出 1 倍，然后再配上相应的翻倍优势图。

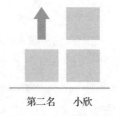

第二名　　小欣

　　使用"竞品参照"，可以表明小欣的最大订单业绩比小缘的高出 1 万元，然后再配上相应的示意图。

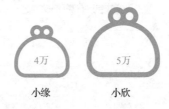

小欣的业绩通过"最值"的统计方法，可以表述为"最大订单业绩高达 5 万元"，通过参照点进行对比，可以总结为下表。

参照点	表述方式
组织占比	/
组织排名	最大订单业绩在部门排名第一
组织均值	/
组织标准	/
组织参照	最大订单业绩比第二大订单业绩高出 1 倍
竞品参照	最大订单业绩比小缘的高出 1 万元

在生活中使用"最值"来增强数据说服力的案例非常多。比如，截止到 2021 年 3 月 3 日，某大学收到校友捐赠总额突破 40 亿元，其中校友李某和他创建的某公益基金会在此前已经捐赠 1 亿 8 千万元的基础上，再次捐赠 10 亿元，设立某大学教育发展基金，全面支持某大学学科建设、教学科研、师资队伍和人才培养等各方面的发展。这是某大学建校以来获得的金额最大的一笔个人捐赠，也是金额最大的一笔校友捐赠。

　　"10 亿元"就是校友李某和他创建的公益基金会捐款的最大值，加上"某大学建校以来获得的金额最大的一笔个人捐赠，也是金额最大的一笔校友捐赠"这种"组织排名"，突显了这笔捐赠的金额之大。

3.3　通过统计方法增强数据说服力的 4 个步骤

　　要突显小欣的业绩优异，可以使用 4 种常见的统计方法——"总和"、"计数"、"平均值"和"最值"。

　　"总和"，比如表述"小欣的业绩总和为 10 万元"，说的可能是 15 笔订单的业绩总和，也可能是 1000 元以下的小额订单的业绩总和。

"计数"，比如表述"小欣完成了 15 笔订单"，说的可能是 15 笔 500 元的订单，也可能是 14 笔 100 元的订单和一笔 5000 元的订单。

"平均值"，比如表述"小欣的平均订单业绩约为 6666 元"，说的可能只是 3 笔订单，一笔 1000 元，一笔 9000 元，一笔 1 万元，平均订单业绩也约是 6666 元。

"最值"，比如表述"小欣的最大订单业绩高达 5 万元"，说的可能是小欣只完成了 2 笔订单，一笔 500 元，一笔 5 万元。

运用"总和"、"计数"、"平均值"和"最值"这些统计方法，再加上 6 种参照点，我们就可以增强数据说服力了。本节用到的小欣的案例，可以归纳为下表。

统计方法 / 参照点	总和	计数	平均值	最值
组织占比	总和占部门销售额的 20%	订单数占部门订单数的 40%	/	/
组织排名	总和在部门排名第二	订单数在部门排名第二	平均订单业绩在部门排名第一	最大订单业绩在部门排名第一
组织均值	总和超出部门平均值 10000 元	订单数超出部门平均值 30%	平均订单业绩比部门平均值高出 10%	/
组织标准	总和是公司标准的 2 倍	订单数是公司标准的 2 倍	平均订单业绩是公司标准的 2 倍	/
组织参照	总和与第一名只差 1000 元	订单数与第一名只差 1 笔	平均订单业绩比第二名的高出 354 元	最大订单业绩比第二大的高出 1 倍

参照点 ＼ 统计方法	总和	计数	平均值	最值
竞品参照	总和超出小缘约11%	订单数超出小缘6.7%	平均订单业绩比小缘的高出238元	最大订单业绩比小缘的高出1万元

通过统计方法增强数据说服力的完整流程可以归纳为以下 4 步。

第一步：选择统计方法。

数据的统计方法可以是"总和"、"计数"、"平均值"或"最值"，如小欣的业绩总和不是很好，就可以选择"总和"之外的其他统计方法来增强数据说服力。通常，我们在生活中最多会挑选 2 种统计方法来进行表述，如"小欣的业绩总和为 10 万元，共完成了 15 笔订单"。如果超过 2 种，如"小欣的业绩总和为 10 万元，共完成了 15 笔订单，平均订单业绩约为6666 元、最大订单业绩高达 5 万元"，会显得内容非常"臃肿"，导致受众对数据产生反感。

第一步：选择统计方法

第二步：选择参照点。

对于每一种统计方法，我们都可以在 6 种参照点——组织占比、组织排名、组织均值、组织标准、组织参照和竞品参照中选择一种或几种，来增强数据说服力。对于每一种统计方法，建议只结合一种参照点进行对比。不然就会出现"小欣的业绩总和为 10 万元，占部门销售额的 20%，在部

043

门排名第二，共完成了 15 笔订单，订单数超出部门平均值 30%、超出小缘 6.7%"的情况，让受众觉得无法理解。

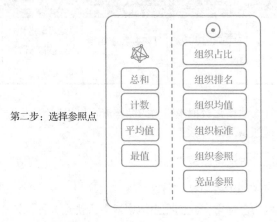

第二步：选择参照点

第三步：选择对比结果。

4 种统计方法，6 种参照点，按照排列组合可以形成 24 种不同的表述方式，去掉 4 种不可用的表述方式（平均值没有组织占比，最值没有组织占比、组织均值和组织标准），共剩余 20 种表述方式可供选择，而且我们可以针对每种方式在数值、百分比、倍数和分数这 4 种对比结果中选择一种最合适的方式。

第三步：选择对比结果   数值·百分比·倍数·分数

第四步：选择可视化方法。

选择对比结果后，需要配上相应的图表、优势图、示意图或者图片，从而把数据可视化，让数据更可信。

第四步：选择可视化方法   图表   优势图   示意图   图片

为了方便记忆，通过统计方法增强数据说服力的完整流程可以归纳为以下模型。

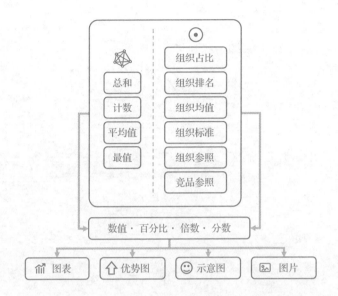

上图仅仅是通过"统计方法"增强数据说服力的流程模型，并不是最终的版本。下文还会继续介绍包括"其他指标"、"时间点"和"可视化"等在内的增强数据说服力的完整数据说服力模型。

第 **4** 章

换个角度看问题

——其他指标

4.1 世界杯历史上最厉害的球员到底是谁

世界杯历史上最厉害的球员是谁？每个人心中可能都有一个人选。

按"进球数最多"这个指标，德国的克洛泽最厉害，共射进 16 球。

按"决赛进球数最多"这个指标，巴西的贝利、瓦瓦，英格兰的赫斯特和法国的齐达内最厉害，分别共射进 3 球。

按"单届世界杯进球数最多"这个指标，法国的方丹最厉害，在 1958 年世界杯的 6 场比赛中攻入 13 球。

按"出场次数最多"这个指标，德国的马特乌斯最厉害，共参加 5 届 25 场比赛。

按"出场时间最长"这个指标，意大利的马尔蒂尼最厉害，在参与的 4 届 23 场比赛中累计出场 2217 分钟。

按"参加届次最多"这个指标，德国的马特乌斯和墨西哥的卡巴亚尔最厉害，都参加了 5 届。

按"获得世界杯冠军最多"这个指标，"球王"贝利最厉害，共获得 3 次世界杯冠军。

按"获得世界杯奖牌最多"这个指标，德国的克洛泽最厉害，共获得 4 枚奖牌。

世界杯历史上最厉害的球员是谁，可以通过很多指标来评判，本书将这些指标称为"其他指标"。同样，在我们的生活中，如果我们在某个指标上表现不佳，通过 6 种参照点和 4 种统计方法都无法增强数据说服力，可以思考："从这个指标看我表现不好，那么哪个指标对我更有利呢？"

在日常生活中，通过参照点增强数据说服力的方法有 6 种（详见第 2 章），通过统计方法增强数据说服力的方法有 4 种（详见第 3 章），在使用时，我们根据需要从中选择即可。除此之外，还可以通过其他方法或者角度来增强数据说服力吗？

答案是肯定的，在本书中，我将这些方法或者角度称为"其他指标"。

"其他指标"无法写尽，就像用于评判"世界杯历史上最厉害的球员是谁"的指标未能在本书中全部列出。

但我们不能因为无法写尽就不去探究。我从自己 2018 年开始的培训、咨询和调研中整理了许多"其他指标"，并按照营销工作汇报、开发工作汇报、管理工作汇报、公司介绍这 4 种常见场景进行分类，帮助大家在这些场景下，使用它们来增强数据说服力。

4.2　营销工作汇报中的 10 个常见指标

营销工作汇报是营销人员向领导和同事进行汇报的过程，而小欣完成的业绩多少，就属于营销工作汇报中的一个指标。如果小欣的业绩表现并不尽如人意，这时候还有哪些指标可供选择呢？以下提供了利润、利润率、潜在客户数、客户成交周期、客户成交率、客户满意度、客户满意率、客户投诉量、客户转介绍和复眠客户这 10 个常见指标，它们都可用来突显汇报人的工作成果。

▷ 4.2.1　利润

利润等于销售额减去成本。"小欣创造的利润总和占部门利润总和的 55%"，就用了"总和"的统计方法和"组织占比"这一参照点，然后配以相应的环形图就可以很好地说服受众了。

在营销工作汇报中，利润是一个较为常见的指标，在汇报时通常会与销售额、成本这两个指标一同出现。比如，"在销售额相同的情况下，小欣创造的利润比小缘的利润高 20%"，这就是使用了"总和"的统计方法和"竞品参照"这一参照点，这时需要使用分量增加优势图来突显销售额（总量）相同的情况下利润（分量）的提升。

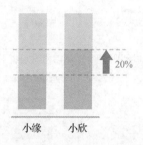

小缘　　小欣

"利润"指标的常用参照点和统计方法的表述方式详见下表[①]。需要特别指出的是，"计数"是计算个数，不管是"业绩"指标还是"利润"指标，它们的"计数"结果都是一样的，所以此处省略。

注意

下表中每行所列数据仅为了说明表述方式，相互之间没有关联。下同。

参照点 ＼ 统计方法	总和	平均值	最值
组织占比	利润总和占部门利润总和的 55%　 55%	/	/

---

① 为了方便查看，表中的所有图表、优势图和示意图已经过简化处理。

参照点 ＼ 统计方法	总和	平均值	最值
组织排名	利润总和在部门排名第二	平均利润在部门排名第一	最大订单利润在部门排名第一
组织均值	利润总和超出部门平均值 20%	平均利润比部门平均利润高出 10%	/
组织标准	利润总和是公司标准的 3 倍	平均利润是公司标准的 3 倍	/
组织参照	利润总和与第一名只差 1 万元	平均利润比第二名的高出 354 元	最大订单利润比第二大订单高出 1 倍
竞品参照	利润总和超出小缘的 20%	平均利润比小缘的高出 238 元	最大订单利润比小缘的高出 1 万元

▷ 4.2.2 利润率

利润率是利润与业绩的比值。比如，小欣的业绩是 10 万元，利润是 5.5 万元，利润率就是 55%。

利润和利润率只有一字之差，它们有什么区别呢？举一个极端的例子，一根牙签的利润是 0.01 元，但它的利润率却可以达到 50%（售价为 0.02 元 / 根）。

虽然上万元的产品和几分钱的产品在利润上有天壤之别，但是它们的利润率却可以比肩。

需要注意的是，利润率以百分比表示，在表述时，利润率及其差值不能同时使用百分比表示。比如，"部门的平均利润率是 40%，小欣的利润率是 55%，比部门的平均利润率高出 37.5%"。这句话中出现了 3 个百分数，其中"55%"和"40%"都是利润率，所以受众不会混淆，而 37.5% 是通过（55%-40%）/40% 得到的。从数学的角度来说这虽然并没有错误，但是将其和前两个百分数放在一起，就会让受众产生困扰："55% 比 40% 只多了 15% 啊，怎么就成了 37.5% 呢？"如果不能用百分比表述，用什么才可以不让受众产生困扰呢？最好的解决方案就是使用百分点，如"小欣的利润率是 55%，部门的平均利润率是 40%，比部门的平均利润率高出 15 个百分点"。

小欣的利润率是55%，部门的平均利润率是40%，比部门的平均利润率高出37.5%　　

小欣的利润率是55%，部门的平均利润率是40%，比部门的平均利润率高出15个百分点　　

但如果在表述时不描述利润率的具体数值，而是直接给出差值，就不会让受众困扰了。比如，仅仅说"小欣的利润率比部门的平均利润率高出 37.5%"，这句话中仅出现了一个百分数，不会让受众混淆。

"利润率"指标的常用参照点和统计方法与"利润"指标的类似，此处不赘述。

▷ 4.2.3 潜在客户数

所有的客户都是从潜在客户转化为真正的下单客户的，很多人往往都只关注结果——真正的下单客户，而忽略了过程——潜在客户。比如，小欣这个月有 15 个下单客户，这是结果，这个结果是怎么来的呢？是小欣通过各种渠道找到了 20 个潜在客户，其中有 15 个客户下单了。而"20 个潜在客户"有什么用呢？

它主要有以下 3 种用途。

一是判断工作努力程度。比如，小欣"找到 20 个潜在客户，有 15 人下单"，而小缘"找到 100 个潜在客户，有 15 人下单"，虽然小欣和小缘两人都有 15 人下单，但是小缘要付出更多的精力才能找到那么多的潜在客户。

二是判断客户成交能力。比如，小缘"找到 100 个潜在客户，有 15 人下单"，那么他的客户成交率是 15%；小欣"找到 20 个潜在客户，有 15 人下单"，那么他的客户成交率是 75%。更高的成交率代表小欣的客户成交能力非常强，与此同时也表明小欣有非常大的发展空间——如果小欣能找到 100 个潜在客户，那么按照 75% 的成交率，他会有 75 个下单客户。

三是预估下月业绩。比如，小缘"找到 100 个潜在客户，有 15 人下单"，那么他还有 75 个潜在客户待成交；而小欣"找到 20 个潜在客户，有 15 人下单"，那么他还有 5 个潜在客户待成交。也就是说，小缘比小欣有更多的潜在客户待成交，如果下个月小欣不付出更多的努力，那么小欣的下单客户数将很有可能低于小缘的。

由此可见潜在客户数在营销工作汇报中的重要程度。在不同的行业中，潜在客户数的表现形式是不同的，如"客户访问数①"、"产品试用客户数②"和"客户登记数"等都是潜在客户数的表现形式。

"潜在客户数"指标的常用参照点和统计方法的表述方式如下表所示。

---

① 客户访问数：自己拜访了多少个客户。
② 产品试用客户数：有多少客户试用了产品。

潜在客户数本身就是一种"计数"的统计方法,所以"总和""平均值"和"最值"的表述方式在此处不适用。

统计方法　　参照点	计数
组织占比	潜在客户数占部门潜在客户总数的 35%
组织排名	潜在客户数在部门排名第二
组织均值	潜在客户数超出部门平均值 20%

▷ 4.2.4　客户成交周期

　　除了"潜在客户数","客户成交周期"也是一个常常被忽略的重要指标。客户成交周期是指客户从成为潜在客户,到成为下单客户的时间,它体现的是汇报人的客户成交能力。比如,"小欣的平均客户成交周期为 10 天,比部门平均值低 20%",就用了"平均值"的统计方法和"组织均值"这一参照点进行表述,来突显小欣的平均客户成交周期之短,然后再配上相应的优势图,就可以更加突显小欣的优势。

　　虽然降低优势图也能体现"比部门平均值低 20%",但由于降低优势图较为常用,因此表现"时间缩短"的优势时可以使用以下"时间缩短优势图",以有效防止受众产生视觉疲劳。

　　"客户成交周期"指标的常用参照点和统计方法的表述方式如下表所示。需要指出的是，客户成交周期通常以"平均值"和"最值"为统计方法进行表述。

参照点 ＼ 统计方法	平均值	最值
组织排名	平均客户成交周期在部门排名第二	最短客户成交周期在部门排名第一
组织均值	平均客户成交周期比部门平均周期低 20%	/
组织标准	平均客户成交周期是公司标准的 1/2	/
组织参照	平均客户成交周期比第二名少2 天	最短客户成交周期比第二短的客户成交周期低 40%

参照点 \ 统计方法	平均值	最值
竞品参照	平均客户成交周期比小缘低 20%	最短客户成交周期比小缘的少 2 天

▷ 4.2.5　客户成交率

客户成交率是下单客户数与潜在客户数的比值，它是判断客户成交能力的重要指标。比如，小缘"找到 100 个潜在客户，有 15 人下单"，那么他的客户成交率是 15%；小欣"找到 20 个潜在客户，有 15 人下单"，那么他的客户成交率是 75%。

更高的客户成交率代表小欣的客户成交能力更强，与此同时也表明小欣有更大的发展空间——如果小欣能找到 100 个潜在客户，那么按照 75% 的成交率，他会有 75 个下单客户。

"客户成交率"指标的常用参照点和统计方法的表述方式如下表所示。

参照点 \ 统计方法	总和
组织排名	客户成交率在部门排名第二
组织均值	客户成交率超出部门平均值 20%

统计方法 参照点	总和
组织标准	客户成交率是公司标准的 3 倍
组织参照	客户成交率与第一名只差 1 个百分点

▷ 4.2.6　客户满意度

客户满意度是客户对营销人员的评分，通常由客户下单后填写的调查问卷统计而来，往往采用百分制。比如，"小欣的客户满意度平均分为98 分，超出公司平均分 8%"，就是使用"平均值"作为统计方法、"组织均值"作为参照点来突出小欣的客户满意度非常高的。

"客户满意度"指标的常用参照点和统计方法的表述方式如下表所示。

统计方法 参照点	平均值
组织排名	客户满意度平均分在部门排名第一
组织均值	客户满意度平均分比公司平均分高出 8%

参照点 ＼ 统计方法	平均值
组织标准	客户满意度平均分比公司标准高出 10 分
竞品参照	客户满意度平均分比小缘的高出 5 分

▷ 4.2.7　客户满意率

　　客户满意度由下单客户填写的调查问卷统计而来，但这样烦琐的流程并不适合所有场景，所以服务行业通常采用简单的 3 个选项——不满意、一般满意和满意，并使用"客户满意率"来表示客户对营销人员的评价。"客户满意率"由选择"满意"的客户数除以参与调查的客户总数得到。比如，小欣的 100 个客户参与了调查，有 98 人选择了"满意"，那么小欣的客户满意率就是 98%。

　　"客户满意率"指标的常用参照点和统计方法的表述方式如下表所示。客户满意率通常只通过"总和"的统计方法进行表述。

参照点 ＼ 统计方法	总和
组织排名	客户满意率在部门排名第二

统计方法 参照点	总和
组织均值	客户满意率超出部门平均值 10%
组织参照	客户满意率与第一名只差 5 个百分点

▷ 4.2.8　客户投诉量

　　"客户投诉量"是主动向公司进行投诉的客户数。比如，"小欣本月有 1 个客户投诉，在部门中最少"，就是采用"计数"的统计方法和"组织排名"这一参照点，来突出小欣的客户投诉量少。

　　"客户投诉量"指标的常用参照点和统计方法的表述方式如下表所示。

统计方法 参照点	计数
组织占比	客户投诉量占部门的 1%
组织排名	客户投诉量在部门中最少

统计方法 参照点	计数
组织均值	客户投诉量低于部门平均值25%
组织标准	客户投诉量是公司标准的1/2

如果客户基数大，超过 100 人，如电话客服行业，客户数量往往是几千甚至几万个，那么可以使用"客户投诉率"。比如，10000 个客户中有 10 个投诉，如果按照"客户投诉量"统计，则有 10 人；如果按照"客户投诉率"计算，这个结果就会变成 0.1%。

▷ 4.2.9 客户转介绍

在营销过程中，客户转介绍是快速提升业绩的重要方式。以日用品为例，假设张三买了一台冰箱后很满意，他向自己的朋友推荐，那么这个朋友在购买冰箱时，会选择张三推荐的冰箱，还是广告推荐的冰箱呢？答案是显而易见的，他大概率会选择张三推荐的。这就是客户转介绍。可以说"客户转介绍"指标直接影响了营销人员的业绩。

客户转介绍的计算方法，在不同行业、不同公司有所不同。比如，小欣的客户 A 转介绍了 2 个新客户，客户 B 转介绍了 3 个新客户，那么小欣的客户转介绍数应该是 2 个。为什么是 2 个呢？因为客户 A 和客户 B 这 2 个人进行了转介绍，所以客户转介绍数是 2 个。那么客户 A 和客户 B 介绍的 5 个新客户叫什么呢？准确地说，这 5 个人理应称为"转介绍来的新客户"，他们的数量即"转介绍来的新客户数"。而在营销工作汇报时，"客户转介绍数"和"转介绍来的新客户数"都是可以使用的，它们都体现了汇报人工作的努力程度。

"客户转介绍"指标的常用参照点和统计方法的表述方式如下表所示。

参照点　　统计方法	总和	计数	平均值	最值
组织占比	客户转介绍业绩总和占自己业绩的35% 35%	客户转介绍数占部门客户转介绍数的20% 20%	/	/
组织排名	客户转介绍业绩总和在部门排名第一	客户转介绍数在部门排名第一	客户转介绍业绩平均值在部门排名第二	客户转介绍业绩最大值在部门排名第一
组织均值	客户转介绍业绩总和超出部门平均值10%	客户转介绍数超出部门平均值20%	/	/

参照点＼统计方法	总和	计数	平均值	最值
组织标准	客户转介绍业绩总和是公司标准的 2.5 倍	客户转介绍数是公司标准的 3 倍	客户转介绍业绩平均值超出公司标准 10%	/
组织参照	客户转介绍业绩总和与第一名只差 1 万元	客户转介绍数比第二名多 10%	客户转介绍业绩平均值比第二名多 10%	客户转介绍最大订单业绩比第二大的高出 1 万元
竞品参照	客户转介绍业绩总和超出小缘 1 万元	客户转介绍数超出小缘 15%	客户转介绍业绩平均值超出小缘 10%	客户转介绍最大订单业绩比小缘的高出 1 万元

　　与"客户转介绍"有关的另一个指标是"客户转介绍率"，它由客户转介绍数除以总客户数得到。比如，10 个客户中，客户 A 和客户 B 进行了转介绍，那么客户转介绍率为 20%。"客户转介绍率"与"客户成交率"类似，此处就不赘述。

在成交的客户中，有一部分客户较为特殊，他们曾经是本公司的客户，后来因为种种原因而不再使用本公司的产品，这种客户被称为"休眠客户"。在营销过程中，将这部分休眠客户重新激活，让他们再次购买本公司的产品，这个过程被称为"复眠"，而被激活的这些客户就被称为"复眠客户"。

复眠客户只是成交客户中的一部分，提升复眠客户数量有什么好处呢？最大的好处在于提高市场占有率。因为这些客户如果不用本公司的产品，那么他们可能会选择其他公司的产品，这对公司的市场占有率是极为不利的。更何况这些客户曾经用过本公司的产品，对公司已经产生了基础的信任，对公司的产品也有了一定了解，对这些客户进行转化要比转化新客户简单。

"复眠客户"指标的常用参照点和统计方法的表述方式如下表所示。

统计方法 参照点	总和	计数	平均值	最值
组织占比	复眠客户业绩总和占自己业绩的35% 35%	复眠客户数占部门复眠客户数的20% 20%	/	/
组织排名	复眠客户业绩总和在部门排名第一	复眠客户数在部门排名第一	复眠客户业绩平均值在部门排名第二	复眠客户业绩最大值在部门排名第一

统计方法 参照点	总和	计数	平均值	最值
组织均值	复眠客户业绩总和超出部门平均值 10%	复眠客户数超出部门平均值 15%	/	/
组织标准	复眠客户业绩总和是公司标准的 2.5 倍	复眠客户数是公司标准的 2 倍	复眠客户业绩平均值超过公司标准 10%	/
组织参照	复眠客户业绩总和与第一名只差 1 万元	复眠客户数比第二名多 10%	复眠客户业绩平均值比第二名多 10%	复眠客户最大订单业绩比第二大的高出 1 万元
竞品参照	复眠客户业绩总和超出小缘 1 万元	复眠客户数超出小缘 2 人	复眠客户业绩平均值超出小缘 10%	复眠客户最大订单业绩比小缘的高出 1 万元

营销工作汇报除了使用常用的业绩指标，还可以使用本节罗列的利润、利润率、潜在客户数、客户成交周期、客户成交率、客户满意度、客户满意率、客户投诉量、客户转介绍和复眠客户这 10 个常见指标。每个指标都可以根据 6 种参照点和 4 种统计方法进行不同形式的表述。

接下来，请思考自己最近碰到的一些数据，然后使用以上指标，运用 6 种参照点和 4 种统计方法来增强数据说服力，将其写在下面的方框中，并画出相应的图表、优势图或示意图。

4.3 开发工作汇报中的 8 个常见指标

在职场中，除了营销工作汇报，开发工作汇报也较为常见。开发工作汇报是指产品开发人员向领导、客户和同事等进行汇报的过程，汇报的主题主要围绕产品开发，而非产品营销。下文提供了成本、良品率、退换货数、提案数、提案采纳率、产品工期、客户满意度和客户体验时间这 8 个常见指标，它们都可用来突显汇报人的工作成绩。

▷ 4.3.1 成本

对产品的开发来说，与利润直接相关的是成本。比如，"小欣开发的产品总成本比小缘低 10%"，就用了"总和"的统计方法和"竞品参照"
这一参照点，需要使用"分量减少优势图"来突显成本降低，同时告诉受众，
在销售额相同的情况下，成本越低，利润则越高。

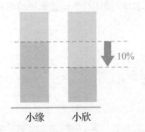

"成本"指标的常用参照点和统计方法的表述方式如下表所示。

下表中每行所列数据仅为了说明表述方式，相互之间没有关联。下同。

统计方法 参照点	总和	平均值	最值
组织占比	产品总成本占部门总成本的 20% 20%	/	/
组织排名	产品总成本在部门最低	平均成本是部门中最低的	最低成本在部门排名第一
组织均值	产品总成本低于部门平均值 10%	平均成本比部门平均成本低出 10%	/

参照点＼统计方法	总和	平均值	最值
组织标准	产品总成本是公司标准的1/2	平均成本是公司标准的2/3	/
组织参照	产品总成本与第一名只差5%	平均成本比第二名低20元	最低成本比第二名还低40%
竞品参照	产品总成本比小缘低10%	平均成本比小缘低15元	最低成本比小缘还低15%

▷ 4.3.2　良品率

　　成本是与公司利润直接相关的指标，但一味地考量成本会导致出现偷工减料、产品质量降低的现象，这不利于产品在市场上的长久销售，更不利于公司维护品牌形象。所以在就产品开发进行工作汇报时，我们通常还会使用"良品率"指标。

　　良品率是达到良好的产品数量与产品总量的比值，每个公司都有不同的算法，如有的采用合格率，代表达到合格的产品数量与产品总量的比值。比如，小欣开发生产了100个产品，其中有98个产品被鉴定为良品，那么良品率就是 98%。

"良品率"指标的常用参照点和统计方法的表述方式如下表所示。

参照点 ＼ 统计方法	总和
组织排名	良品率在部门排名第一
组织均值	良品率超出部门平均值 20%
组织标准	良品率是公司标准的 2 倍

▷ 4.3.3 退换货数

开发人员还应注意不合格产品的数量，特别是退货数和换货数。比如，"小欣的产品退换货数为 1 件，低于公司标准 40%"，是采用"计数"的统计方法和"组织标准"的参照点进行表述的。

"退换货数"指标的常用参照点和统计方法的表述方式如下表所示。

统计方法 参照点	计数
组织占比	退换货数占部门退换货数的 1%
组织排名	退换货数在部门中最少
组织均值	退换货数低于部门平均值 10%
组织标准	退换货数低于公司标准 40%
组织参照	退换货数比第二名还少 40%

▷ 4.3.4　提案数

在设计领域，我们通常要根据客户的一种需求设计不同的提案。比如，小欣的客户需要设计衣服，那么小欣就需要根据客户的需求设计 3 个提案，客户会初步选择其中一个提案，然后小欣要在这个提案的基础上进行多次修改，最终成交。

1. 采集客户需求　　2. 设计款式提案　　3. 客户挑选一个提案　　4. 修改　　5. 订单成交

在整个过程中，对产品设计者来说，他只完成了一笔订单，而他工作中的"设计款式提案"和"修改"环节被忽略了。所以在汇报过程中，产品设计者通常会用"提案数"和"修改次数"这两个指标来突显自己的工作量。比如，"小欣的提案数为 68 个，在部门排名第一"就用了"总和"的统计方法和"组织排名"这一参照点来突出小欣的提案数之多、工作量之大。

"提案数"指标的常用参照点和统计方法的表述方式如下表所示。

统计方法 参照点	总和	平均值	最值
组织占比	提案数总和占部门提案数总的的 55% 55%	/	/
组织排名	提案数总和在部门排名第一	平均提案数在部门排名第一	最大订单提案数在部门排名第一

统计方法 参照点	总和	平均值	最值
组织均值	提案数总和超出部门平均值20%	平均提案数比部门平均提案数多10%	/
组织标准	提案数总和是公司标准的3倍	平均提案数是公司标准的3倍	/
组织参照	提案数总和与第一名只差1个	平均提案数比第二名多15%	最大订单提案数比第二大订单的多出1倍
竞品参照	提案数总和超出小缘11%	平均提案数比小缘多出20个	最大订单提案数比小缘多1倍

▷ 4.3.5 提案采纳率

提案数可以体现工作量，提案数是越多越好吗？

举个极端的例子，小欣为了一笔订单提交了100个提案，最后终于把这笔订单完成了，可他的工作时间全部放在了这笔订单上，所以这个月只完成了这一笔订单。从工作量来说，小欣完成了 100 个提案，绝对是"劳苦"的，但并没有"功高"，因为他只完成了一笔订单，这反倒会让领导觉得"小欣的能力不行，一笔订单需要做那么多提案才能搞定"。

提案数越少越好吗？

再举个极端的例子，小欣接到了 10 个客户需求，向每个客户只提交 1 个提案，由于对提案不满意，客户可能会让小欣重新设计，这还是会增加提案数，而且会让客户感觉"小欣能力不行，不能设计出我需要的产品"，甚至会选择其他公司的产品。

所以，提案数太多不好，会占据太多的精力，从而减少订单的完成量；提案数太少也不好，不容易让客户满意。为了摆脱这两难的境地，在汇报时，我们通常还会使用"提案采纳率"作为衡量设计者工作量和工作成果的指标。

"提案采纳率"指标是订单数与提案数的比值。比如小欣有 2 个客户需求，为客户 A 提交了 6 个提案，最终被采纳了 1 个，那么客户 A 的提案采纳率约为 16.7%[1]；为客户 B 提交了 4 个方案，最终被采纳了 1 个，那么客户 B 的提案采纳率为 25%[2]。那么，小欣的平均提案采纳率是 20%[3]。

"提案采纳率"指标的常用参照点和统计方法的表述方式如下表所示。

参照点 \ 统计方法	平均值
组织排名	平均提案采纳率在部门排名第一

---

[1] $16.7\% \approx 1/6 \times 100\%$

[2] $25\% = 1/4 \times 100\%$

[3] $20\% = (1+1)/(6+4) \times 100\%$

参照点 \ 统计方法	平均值
组织均值	平均提案采纳率比部门平均值高出 10%

▷ 4.3.6 产品工期

对产品开发人员来说，还有一项重要指标就是"产品工期"，它是指产品的开发、生产总时间。产品工期有两方面的重要意义：一方面，产品工期代表客户的等待时间，工期越长，客户等待的时间也就越长；另一方面，产品工期也代表工作效率，毕竟一个人的时间和精力是有限的，产品工期越长，那么产品设计人员可以花在其他产品上的时间就越短。

"产品工期"指标的常用参照点和统计方法的表述方式如下表所示。产品工期通常以"平均值"和"最值"作为统计方法进行表述。

参照点 \ 统计方法	平均值	最值
组织排名	平均产品工期在部门排名第二	最短产品工期在部门排名第一
组织均值	平均产品工期比部门平均产品工期还低 10%	/

统计方法 / 参照点	平均值	最值
组织标准	平均产品工期是公司标准的1/2	/

▷ 4.3.7　客户满意度

营销工作汇报中有"客户满意度"指标，它是客户对营销人员的评分。开发工作汇报中也会有"客户满意度"指标，它是客户对开发人员的评分，通常由客户在下单后填写的调查问卷统计而来，往往采用百分制。比如，"小欣的客户满意度平均分为99分，在部门排名第一"，就使用了"平均值"的统计方法和"组织排名"这一参照点来突出小欣的客户满意度非常高。

"客户满意度"指标的常用参照点和统计方法的表述方式可参照 4.2.6 小节。

与"客户满意度"指标类似的还有"客户满意率"。开发工作汇报中的"客户满意率"与前文营销工作汇报中的"客户满意率"指标类似，故此处不赘述。

▷ 4.3.8　客户体验时间

对于许多服务行业，"客户体验时间"也是一个非常重要的指标。如果公司提供的是在线服务，那么"客户体验时间"就是客户在网站、小程序、社群或 APP 中的停留时间、活跃时间和点击量等；如果公司提供的是线下服务，"客户体验时间"就是客户在门店的停留和体验时间。

客户体验时间的长短，在很大程度上决定了客户的成交量，所以"客户体验时间"是开发工作汇报中的一个重要指标。比如，"小欣的平均客户体验时间为 2 小时，比部门平均值多 40%"，就用了"平均值"的统计方法和"组织均值"这一参照点来突显小欣的客户体验时间非常长。这时需要使用"时间延长优势图"来可视化数据。

  "客户体验时间"指标的常用参照点和统计方法的表述方式详见下表。客户体验时间通常以"平均值"和"最值"作为统计方法进行表述。

参照点 ╲ 统计方法	平均值	最值
组织排名	平均客户体验时间在部门排名第一	最长客户体验时间在部门排名第一
组织均值	平均客户体验时间比部门平均值多 40%	/
组织标准	平均客户体验时间是公司标准的 2.5 倍	/

统计方法 / 参照点	平均值	最值
组织参照	平均客户体验时间比第二名多20% 	最长客户体验时间比第二长的还多20%
竞品参照	平均客户体验时间比小缘多20% 	最长客户体验时间比小缘的多1倍

开发工作汇报除了使用常用的业绩指标，还可以使用本节罗列的成本、良品率、退换货数、提案数、提案采纳率、产品工期、客户满意度和客户体验时间这 8 个常见指标。每个指标都可以根据 6 种参照点和 4 种统计方法进行不同形式的表述。接下来，请思考自己最近碰到的一些数据，然后使用以上指标，运用 6 种参照点和 4 种统计方法来增强数据说服力，将其写在下面的方框中，并画出相应的图表、优势图或示意图。

4.4 管理工作汇报中的 4 个常见指标

管理人员作为管理层，在汇报时所用的部分数据和营销人员与开发人员所用的相同，如主管也需要描述利润、利润率、潜在客户数、客户成交周期、客户成交率、客户满意度、客户满意率、客户投诉量、客户转介绍和复眠客户，也少不了成本、良品率、退换货数、提案数、提案采纳率、产品工期和客户体验时间等指标。但是管理人员需要将部门中的这些数据进行汇总。比如，"我部门的业绩总和占到了公司业绩总额的 55%"，就用了"总和"的统计方法和"组织占比"这一参照点来突出部门业绩优异。

除了做简单的数据汇总，在某些特定的指标上，管理人员还需要进行更多的考虑，如在使用"成本"指标时，除了要考虑产品的成本，还需要考虑仓储成本、物流成本、人员成本、营销成本等，但是在表述时，还是选用 6 种参照点和 4 种统计方法来增强数据说服力。所以本节将不赘述前文提供的指标，而是关注管理工作汇报中的 4 个常见指标——人均劳效、培训时长、员工流失率和员工满意度，以帮助汇报人突显自己的工作成绩。

▷ 4.4.1 人均劳效

管理人员除了关注当下的利润，还要关注公司的长远发展，而"人均劳效"就是能够指导管理人员开展工作，帮助公司取得长远发展的重要指标。"人均劳效"是指员工在单位时间内创造的效益，以一个月为例，本月的人均劳效就等于本月业绩总和除以本月的人员数。比如，部门共 6 人，总业绩为 180 万元，那么人均劳效则为 30 万元，再结合"组织均值"，则可以表述为"我部门人均劳效为 30 万元，高出公司平均值 15%"。

"人均劳效"指标的常用参照点和统计方法的表述方式如下表所示。

下表中每行所列数据仅为了说明表述方式，相互之间没有关联。下同。

统计方法 / 参照点	平均值
组织排名	人均劳效在公司排名第一
组织均值	人均劳效比公司人均劳效高 8%
组织标准	人均劳效比公司标准高 10%
组织参照	人均劳效是排名第二的部门的 2 倍
竞品参照	人均劳效比销售二部高 5%

▷ 4.4.2 培训时长

管理人员的工作内容在不同公司是不同的，除了日常的管理工作，还会涉及人力资源管理的相关内容，如招聘、培训、薪酬与绩效等。其中

"培训"是较为常见的工作内容，因为管理人员通常需要对下属进行培训。比如，"主管共对员工进行了60小时的培训，是公司标准的2倍"，就用了"总和"的统计方法和"组织标准"这一参照点来突出部门的员工培训工作做得较好。

"培训时长"指标的常用参照点和统计方法的表述方式如下表所示。

参照点＼统计方法	总和	计数	平均值	最值
组织占比	培训时长总和占公司培训时长总和的35%	培训课程数占公司培训课程总数的20%	/	/
组织排名	培训时长总和在公司排名第一	培训课程数在公司排名第二	平均培训时长在公司排名第一	最长课程培训时长在公司排名第一
组织均值	培训时长总和比公司平均值多20%	培训课程数比公司平均值多10%	平均培训时长比公司平均培训时长多10%	/
组织标准	培训时长总和是公司标准的2倍	培训课程数比公司标准多5%	平均培训时长是公司标准的3倍	/

参照点 \ 统计方法	总和	计数	平均值	最值
组织参照	培训时长总和比第二名多 20% 	培训课程数比第二名多 20% 	平均培训时长比第二名多 20% 	最长课程培训时长比第二长的多 10%
竞品参照	培训时长总和比销售二部多 30% 	培训课程数比销售二部多 25% 	平均培训时长比销售二部多 25% 	最长课程培训时长比销售二部的最长课程培训时长多 20%

▷ 4.4.3 员工流失率

管理人员还应注意一个影响公司长远发展的指标——员工流失率。虽然现在员工离职非常普遍，我们不能把责任完全压在管理人员的肩膀上，但可以通过员工流失率来初步判断管理人员的领导才能。员工流失率是离职员工人数占员工总数的比例，详细算法如下。

$$员工流失率 = \frac{离职员工人数}{期初员工人数 + 本期增加员工人数} \times 100\%$$

比如，这个月月初有 9 名员工，有 2 人离职，月末又新入职 1 人，那么本部门这个月的员工流失率为 20%[1]。

"员工流失率"指标的常用参照点和统计方法的表述方式如下表所示。

---

① 20%=2/(9+1)×100%

统计方法 参照点	总和
组织均值	员工流失率比公司平均值低 10 个百分点
组织标准	员工流失率比公司标准低 10 个百分点
组织参照	员工流失率比第二名低 10 个百分点

▷ 4.4.4 员工满意度

除了员工流失率，员工满意度也是评价管理人员工作成果的一项重要指标。员工满意度是员工对管理人员的评分，通常由员工问卷调查结果统计而来，往往采用百分制。比如，"小欣的员工满意度平均分为 98 分，超过公司平均分 8%"，就用了"平均值"的统计方法和"组织均值"这一参照点来突出小欣的员工满意度非常高。

"员工满意度"指标的常用参照点和统计方法的表述方式如下表所示。

统计方法 参照点	平均值
组织排名	员工满意度平均分在公司排名第一
组织均值	员工满意度平均分比公司平均分高 8%
组织标准	员工满意度平均分比公司标准高 10 分
组织参照	员工满意度平均分比排名第二的部门高 8 分
竞品参照	员工满意度平均分比销售二部高 5 分

管理工作汇报除了使用营销工作汇报和开发工作汇报涉及的指标，还可以使用本节介绍的人均劳效、培训时长、员工流失率和员工满意度这 4

个常见指标。每个指标都可以利用 6 种参照点和 4 种统计方法进行不同形式的表述。

4.5 公司介绍中的 6 个常见指标

公司介绍是当下经常会出现的场景，如有人来参观、领导来视察工作、进行融资路演时，都会进行公司介绍，其目的是体现公司实力的强大。在进行公司介绍时，每个行业、每个公司都有不同的指标可选。下文提供了员工数、产品数、客户数、市场占有率、财务数据和核心成果 6 个常见指标，可用以突显公司的优异成绩。

▷ 4.5.1 员工数

为了体现公司的规模较大，最常用的指标就是"员工数"了。比如，"我公司员工达 2000 人，超过行业平均值 20%"，就使用了"计数"的统计方法和"组织均值"这一参照点来突显公司员工数量较多。

"员工数"指标的常用参照点和统计方法的表述方式如下表所示。

下表中每行所列数据仅为了说明表述方式，相互之间没有关联。下同。

参照点＼统计方法	计数
组织占比	员工数占本经济园区员工数的 35%
组织排名	员工数在本经济园区排名第一

统计方法 参照点	计数
组织均值	员工数超出行业平均值 20%
组织标准	员工数是行业指导标准的 2 倍
竞品参照	员工比 × 公司多 200 人

在突显不同维度的公司实力时，"员工数"指标有不同的形式。

例如，为了突显公司的研发实力，可以采用"研发人员数"指标。比如，"我公司研发人员达 500 人，占公司员工数的 25%，是行业平均值的 2.5 倍"，就用了"计数"的统计方法和"组织占比"与"组织均值"这两种参照点来增强数据说服力，从而突显公司的研发实力。

又如，为了突显公司的年轻化，可以采用"30 岁以下员工数"指标。比如，"我公司 30 岁以下员工达 1500 人，占公司员工数的 75%，在行业内排名第一"，就用了"计数"的统计方法和"组织占比"与"组织排名"这两种参照点来增强数据说服力，从而突显公司的年轻化。

类似的指标还有很多，如在需要突显公司员工的高学历时，可以采用

"硕士及以上学历员工数"指标；在需要突显公司员工的高技能水平时，可以采用"高级技工及以上员工数"指标；在需要突显公司员工国籍多元化时，可以采用"非中国籍员工数"指标；等等。这些指标与"员工数"的使用方法类似，但是可以形成不同维度的数据说服力，从而突显公司在各方面的实力。

▷ 4.5.2　产品数

除了通过"员工数"来突显公司的规模，我们还可以通过"产品数"这个指标来突显公司的生产实力和市场实力。比如，"我公司有产品1000种，超过行业平均值20%"，就用了"计数"的统计方法和"组织均值"这一参照点来突显公司产品数量之多。

"产品数"指标的常用参照点和统计方法的表述方式如下表所示。

统计方法 参照点	计数
组织占比	产品数占本经济园区产品数的 35%
组织排名	产品数在本经济园区排名第一
组织均值	产品数超出行业平均值 30%

统计方法 参照点	计数
组织标准	产品数是行业指导标准的 2 倍
组织参照	产品数比第二名多 15%
竞品参照	产品数比 × 公司多 25%

在突显不同维度的公司实力时，"产品数"指标有不同的形式。

例如，为了突显公司研发高端产品的实力较强，可以采用"高端产品数"指标。比如，"我公司有高端产品 300 种，占公司产品数的 30%，是行业平均值的 2 倍"，就用了"计数"的统计方法和"组织占比"与"组织均值"这两种参照点来增强数据说服力，从而突显公司研发高端产品的实力。至于"高端"如何定义，则完全取决于汇报人，高端产品既可以是单价 500 元以上的产品，也可以是单价 2 万元以上的产品。但在表述"我公司有高端产品 300 种，占公司产品数的 30%，是行业平均值的 2 倍"时，大部分受众只会关注高端产品数量之多，很少会关注"高端"的界定标准。

还有许多与"产品数"一样，可以突显公司实力的指标，如产品种类数量、工厂数量、车间数量、仓库数量、生产设备数量和生产线数量等，它们可以形成不同维度的数据说服力，从而突显公司在各方面的实力。

▷ 4.5.3　客户数

"客户数"指标也可以突显公司的产品实力和市场实力。比如，"我公司客户超过 1 万人，是行业平均值的 1.5 倍"，就用了"计数"的统计方法和"组织均值"这一参照点来突显公司客户数量之多。

"客户数"指标与"产品数"指标类似，相应的常用参照点和统计方法的表述方式也与"产品数"指标相似。

在突显不同维度的公司实力时，"客户数"指标有不同的形式。

例如，为了突显公司产品对女性客户的吸引力较强，可以采用"女性客户数"指标。比如，"我公司女性客户超过 8000 人，占公司客户数的 80%，在行业中排名第一"，就用了"计数"的统计方法和"组织占比"与"组织排名"这两种参照点来增强数据说服力，从而突显公司产品对女性客户的吸引力较强。

又如，在需要突显公司的产品面向高端客户时，可以采用"高端客户数"指标。比如，"我公司高端客户超过 6000 人，占公司客户数的 40%，比行业平均值高 60%"，就用了"计数"的统计方法和"组织占比"与"组织均值"这两种参照点来增强数据说服力，从而突显公司的高端客户数量之多。

类似的指标还有很多，如在需要突显公司客户都较年轻时，可以采用"25 岁以下客户数"指标；在需要突显公司的销售区域经济发达时，可以采用"一线城市客户数"指标；在需要突显公司客户多元化时，可以采用"外国客户数"指标；在需要突显公司产品优质时，可以采用"复购①客户数"指标；在需要突显公司服务优质时，可以采用"3 年以上老客户数"

---

① 复购：重复购买。

指标；等等。这些指标与"客户数"的使用方法类似，但是可以形成不同维度的数据说服力，从而突显公司在各方面的实力。

▷ 4.5.4 市场占有率

在进行公司介绍时，"市场占有率"是一个非常重要的指标。市场占有率也称为"市场份额"，是指公司某一产品（或品类）的销售量（或销售额）在市场同类产品（或品类）中所占的比重。市场占有率越高，代表公司的竞争力越强。

市场占有率该怎么计算呢？根据不同的市场范围，市场占有率有不同的计算方法。比如，小欣所在的甲公司是售卖发动机的，他们今年的销售额是 1 亿元，而全国整个行业的销售额是 100 亿元，那么甲公司的市场占有率就是 1%。

但是如果把产品范围、时间范围和目标范围缩小，如本月甲公司100cc 排量的摩托车发动机在长三角地区的销售额是 5000 万元，而本月长三角地区同类型产品的销售总额是 2 亿元，那么甲公司的 100cc 排量的摩托车发动机本月在长三角地区的市场占有率为 25%。

甲公司的市场占有率是如何从 1% 提升至 25% 的呢？主要是通过对产品范围、时间范围和目标范围进行缩减，修改前后的信息如下表所示。

	修改前	修改后
产品范围	所有发动机	100cc 排量的摩托车发动机
时间范围	1 年	1 个月
目标范围	全国	长三角地区
市场占有率	1%	25%

虽然修改前和修改后都用的是"市场占有率"指标，但通过修改产品范围、时间范围和目标范围，市场占有率就能大大提升。

还有许多与"市场占有率"一样，可以突显公司实力的指标，如"产品覆盖地区"指标——"我公司产品销往上海、北京、深圳、广州、苏州、南京等多个地区,覆盖全国86%的地区";又如"产品覆盖人群"指标——"我公司产品的客户下至18岁,上至80岁,几乎覆盖全年龄段"。

▷ 4.5.5 财务数据

在进行公司介绍时,一个不可或缺的内容就是财务数据。除了传统的营业额数据和成本数据,在公司进行融资路演时,投资人会更看重公司的收益数据。

比如常见的净资产收益率,它是用净利润除以净资产得到的,反映了公司的收益水平,用以衡量公司运用自有资本的效率,数值越高,说明公司运用自有资本的效率越高。

比如,"公司的净资产收益率为17%,在本经济园区内排名第一",就用了"总和"的统计方法和"组织排名"这一参照点来突显公司的净资产收益率之高。

"净资产收益率"指标的常用参照点和统计方法的表述方式如下表所示。

统计方法 参照点	总和
组织排名	净资产收益率在本经济园区内排名第一
组织均值	净资产收益率超出行业平均值20%

统计方法　　参照点	总和
组织标准	净资产收益率是行业标准的 2 倍
组织参照	净资产收益率比第二名多 5 个百分点
竞品参照	净资产收益率比 × 公司多 5 个百分点

"净资产收益率"指标只是财务数据中的一小部分，常见的财务数据还有投资回收期、资产流动比率、资产负债率、股东权益比率、资本化比率、现金比率、担保比率、资金周转速度和毛利率等。这些指标都与"净资产收益率"的使用方法类似，但是可以形成不同维度的数据说服力，从而突显公司的实力。

▷ 4.5.6 核心成果

在进行公司介绍的过程中，还有一项指标可以极有效地突显公司的实力，那就是核心成果。核心成果的体现形式有很多，如国家发明专利数、国际发明专利数、著作权数等。比如，"公司有 28 项国家发明专利，在行业里排名第一"，就用了"国家发明专利数"指标，并结合"计数"的统计方法和"组织排名"这一参照点来突显公司的核心成果数量之多。

以"发明专利数"为例，其常用参照点和统计方法的表述方式如下表所示。

参照点 / 统计方法	计数
组织占比	发明专利数占本经济园区产品数的 35%
组织排名	发明专利数在本经济园区排名第一
组织均值	发明专利数高出行业平均值 30%
组织参照	发明专利数比第二名多 20%
竞品参照	发明专利数比 × 公司多 25%

国家发明专利数、国际发明专利数、著作权数这些可量化的指标都可以利用 6 种参照点和 4 种统计方法进行不同形式的表述。除了这些可量化的指标，还有许多不可量化的指标，如牵头起草了行业标准、创造了员工的职业晋升通道模型、编写了产品白皮书、独创了产品加工的特殊流程、搭建了公司特有的培训体系和举办了行业高峰论坛等。这些不可量化的指标不能使用 6 种参照点和 4 种统计方法来表述，那怎么才能通过它们增强数据说服力呢？

比如，仅仅表述"牵头起草了行业标准"并不能突显这个指标的价值，但是修改成"牵头起草了行业标准，使行业整体的客户满意度平均值达到了 99%"，就把不可量化的指标"牵头起草了行业标准"与可量化的指标"客户满意度"结合。虽然"牵头起草了行业标准"无法增强数据说服力，但是"客户满意度"却可以使用 6 种参照点和 4 种统计方法来进行表述，突显公司"牵头起草了行业标准"的实际价值。

"创造了员工的职业晋升通道模型"这个不可量化的指标，可以结合"员工满意度"和"员工留存率"等可量化的指标；"编写了产品白皮书"这个不可量化的指标，可以结合"市场影响力"和"公司品牌辨识度"等可量化的指标；"独创了产品加工的特殊流程"这个不可量化的指标，可以结合"库存周转率"和"原材料损耗量"等可量化的指标；"搭建了公司特有的培训体系"这个不可量化的指标，可以结合"员工离职率"和"岗位适应时间"等可量化的指标；"举办了行业高峰论坛"这个不可量化的指标，可以结合"品牌知名度"和"市场占有率"等可量化的指标；等等。这些指标如果再结合下一章的"时间点"来进行表述，将使数据说服力更显著，如"牵头起草了行业标准，使行业整体的客户满意度平均值达到了 99%，环比上涨 10 个百分点"。

由此可见，这些不可量化的指标虽然是公司的核心成果，但需要结合可量化的指标才能让受众感受到公司实力的强大。

公司介绍除了使用常见的业绩指标，还可以使用本节介绍的员工数、产品数、客户数、市场占有率、财务数据和核心成果这 6 类指标。每类指标都可以利用 6 种参照点和 4 种统计方法进行不同形式的表述。

4.6 通过"其他指标"增强数据说服力的 5 个步骤

"世界杯历史上最厉害的球员是谁？"通过"其他指标"，我们可以得出 10 余个人选。同样，我们在营销工作汇报、开发工作汇报、管理工作汇报和公司介绍中，都可以使用"其他指标"来突显自己的成绩。

每个"其他指标"都可以使用 6 种参照点和 4 种统计方法进行表述。

营销工作汇报

利润
利润率
潜在客户数
客户成交周期
客户成交率
客户满意度
客户满意率
客户投诉量
客户转介绍
复眠客户

×

统计方法 参照点	总和	计数	平均值	最值
组织占比				
组织排名				
组织均值				
组织标准				
组织参照				
竞品参照				

开发工作汇报

成本
良品率
退换货数
提案数
提案采纳率
产品工期
客户满意度
客户体验时间

×

统计方法 参照点	总和	计数	平均值	最值
组织占比				
组织排名				
组织均值				
组织标准				
组织参照				
竞品参照				

统计方法 / 参照点	总和	计数	平均值	最值
组织占比				
组织排名				
组织均值				
组织标准				
组织参照				
竞品参照				

管理工作汇报：人均劳效、培训时长、员工流失率、员工满意度 ×

统计方法 / 参照点	总和	计数	平均值	最值
组织占比				
组织排名				
组织均值				
组织标准				
组织参照				
竞品参照				

公司介绍：员工数、产品数、客户数、市场占有率、财务数据、核心成果 ×

通过"其他指标"增强数据说服力的完整流程可以拆分为以下5个步骤。

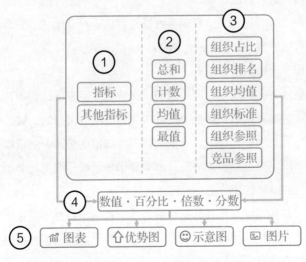

（注：图中将"平均值"简写为"均值"）

第一步：选择指标。

在不同的场景下，应选择有利于自己的指标。比如，在营销工作汇报中选择传统的业绩指标，或者选择利润、利润率、潜在客户数、客户成交周期、客户成交率、客户满意度、客户满意率、客户投诉量、客户转介绍和复眠客户等指标；在开发工作汇报中选择成本、良品率、退换货数、提案数、提案采纳率、产品工期、客户满意度和客户体验时间等指标；在管理工作汇报中选择人均劳效、培训时长、员工流失率和员工满意度等指标；在公司介绍中选择员工数、产品数、客户数、市场占有率、财务数据和核心成果等指标。

第二步：选择统计方法。

根据选择的指标，选择合适的统计方法，可以是总和、计数、平均值或最值。

第三步：选择参照点。

对于每一种统计方法，我们都可以在6种参照点——组织占比、组织排名、组织均值、组织标准、组织参照和竞品参照中选择部分与之结合运用。

第四步：选择对比结果。

对于每一种表述方式，我们都可以在数值、百分比、倍数和分数中选择一种最合适的方式来呈现对比结果。

第五步：选择可视化方法。

根据表述方式，配上相应的图表、优势图、示意图或者图片，把数据可视化，让数据更可信。优势图是可视化方法中最常用的一种，前文已介绍6种，分别是增长优势图、降低优势图、翻倍优势图、缩倍优势图、数据接近优势图、超过总和优势图，本节又增加了分量增加优势图、分量减少优势图、时间缩短优势图、时间延长优势图。

通过"其他指标"增强数据说服力的流程模型，并不是最终版本，下文还会继续介绍包括"时间点""可视化"等在内的增强数据说服力的完整数据说服力模型。

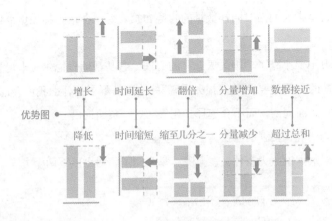

増長　時间延长　翻倍　分量增加　数据接近

优势图

降低　时间缩短　缩至几分之一　分量减少　超过总和

4.7　90% 的合格率要好于 10% 的不合格率吗

面对以下两个措施，你会选择哪一个呢？

> **措施一：** 保证 600 人中有 200 人能够获救。
> **措施二：** 将概率公之于众，即在 600 人中，所有人都能获救的可能性是 1/3，没有一个人获救的可能性是 2/3。

选出你的答案了吗？这是阿莫斯·特沃斯基和丹尼尔·卡尼曼做过的一个经典实验。如果你选择措施一，那你就与多数人的选择一样。有意思的是，一些人被问到了同样的问题，只是措辞稍有改变。

> **措施一：** 保证 600 人中有 400 人会死去。
> **措施二：** 将概率公之于众，即在 600 人中，没有人会死去的可能性是 1/3，所有人都死去的可能性是 2/3。

在这种情况下，选择措施二的人更多。我们在对比这两种提问方式后会发现，它们在实质上是一样的，可是为什么使用"获救"和"死去"两种措辞，会让人们的选择产生差别呢？这是因为人们有"损失厌恶"的心理，它是指人们面对同样数量的收益和损失时，会认为损失更令他们难以忍受。

千万不要小瞧了"损失厌恶"的心理，它是帮助丹尼尔·卡尼曼获得诺贝尔奖的一项重要发现。"损失厌恶"的心理解释了为什么我们会选择"获救"这一正面词语，而不会选择"死去"这一负面词语。

换句话说，正面语言要优于负面语言。

这对数据说服力有什么意义呢？举个例子，对比以下两个方案。

> **方案 A**：小欣的产品不合格率为 10%。
> **方案 B**：小欣的产品合格率为 90%。

虽然方案 A 和方案 B 没有本质的区别，"不合格率为 10%"与"合格率为 90%"从数学角度来说一模一样，但是受众在理解时，会更容易接受使用正面语言的方案 B。而且使用正面语言的方案会更有说服力。

请对比以下两个方案。

方案 A：小欣的产品不合格率为 10%，比公司平均值低 5 个百分点。

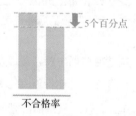

不合格率

方案 B：小欣的产品合格率为 90%，比公司平均值高 5 个百分点。

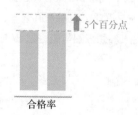

合格率

对于负面语言"不合格率"，如果我们要通过数据说服力突出指标有所进步，通常采用的是"下降"，但下降本身就是负面语言，图表中向下的箭头也是一种负面的信息。如果把负面语言改成正面语言"合格率"，在通过数据说服力突出指标有所进步时，我们通常采用的是"上升"，而上升本身也是正面语言，图表中向上的箭头也是一种正面的信息。像这样把负面语言的指标改成正面语言的指标可以大大增强数据说服力，从而影响受众的选择。

除了将负面语言"不合格率"替换成正面语言"合格率"，将"成本"替换成"利润"，将"流失率"替换成"留存率"，将"降级"替换成"保级"，等等。

第 5 章

突飞猛进地提升

——时间点

5.1 我们高估了人类大脑的数据处理能力

"幸存者偏差"表明我们在日常生活中会根据那些看得到的数据做出判断，而忽略那些看不到的数据。比如，"小欣的客户满意度平均分为98分，超出公司平均分近8%"，这让我们觉得小欣的客户满意度很高，但忽略了这个平均分是什么时间段的，小欣有多少客户，有多少未给小欣打分的客户，打分的客户是否为核心客户，公司是否还统计了实习生的客户满意度，等等。

是不是将所有的数据都放在我们面前，我们就可以做出更理性的判断了呢？

不一定。就拿小欣的客户满意度平均分来说，如果将所有的数据罗列出来，"小欣在本月的30天中，共有35个下单客户，其中有29人对小欣进行了满意度评分，详细评分数据见下表，这29人给小欣的平均分是98分。公司本月销售人员共105人，去除实习生后共98人，已统计的95人的客户满意度平均分为91分，小欣超出了7分，超出了公司平均分近8%。"

序号	客户姓名	订购产品	产品单价（元）	订单数量（件）	订单金额（元）	客户评分（分）
1	张三	产品A	160	3	480	98
2	李四	产品B	270	25	6750	99
3	王五	产品C	160	11	1760	100
4	赵六	产品D	20	33	660	80
5	田七	产品E	90	6	540	95
……	……	……	……	……	……	……

当我们看到这么多的数据，大脑有那么多的数字需要处理时，我们是

会选择理性地逐个分析并做出科学的判断，还是会选择直接关闭大脑的分析系统，不再思考了呢？而且这还仅仅是"客户满意度"这个指标的数据，一场汇报会涉及很多个指标，如果将所有的数据都呈现在受众面前，受众会怎么样呢？

普林斯顿大学的乔治·米勒在1956年发表的论文《神奇的数字7±2：我们信息加工能力的局限》中写道，我被整数困住了，世界上有七大奇迹、七大洋、昴星团中的阿特拉斯有七个女儿，人的一生有七个阶段，音阶有七个，每周有七天，我很关心"7"这个数字与人们在任何时间可以处理的信息量之间的关系。

比如，在短时间内给人们展示大小不同的图形，然后让人们对图形按大小进行排序（1代表最小，2次之，依此类推）。当所给图形的数量不超过6种时，人们排序的准确率很高。但是如果数量超过6种，人们排序的错误率就开始上升了，人们或认为两个大小不同的图形是相同的，或认为大小相同的图形是不同的。研究发现，大部分人的辨别范围都在5到9种之间，如果数量再增加，便会连续出现错误。

美国迈阿密大学的人类学教授凯莱布在他的著作《数字起源》中记载，在亚马孙河流域，一个叫作毗拉哈的族群的语言中，居然没有表示数量的词汇。也就是说，他们根本没有所谓的一、二、三等词，但这并不意味着他们对数量没有概念。

在紧接着的调研和实验中，凯莱布发现，毗拉哈人能精准地分辨1个物品、2个物品和3个物品之间的数量差别，但一旦物品超过了3个，他们的辨识能力就会急速减弱，并且数量越多，辨识能力就越弱，甚至连8个和9个他们都难以分辨。

最终，凯莱布得出结论：人类天生不能识别3以上的数字，对3以上数字的识别，是负责语言处理的大脑左半球加工后的结果。

不管是普林斯顿大学的乔治·米勒教授提出的"7"，还是迈阿密大学的凯莱布教授提出的"3"，都表明了人类大脑处理数据的能力"低下"。

就像"小欣的客户满意度平均分为 98 分，超出公司平均分 8%"这句话远比冗长的句子更容易被受众理解。

所以，为了适应大脑偏低的数据处理能力，我们在处理数据时不得不"以偏概全"，用简单的几个数字来呈现数据的全貌，以防止受众的大脑"崩溃"。

5.2 参照点对比的空间维度（横向）和时间维度（纵向）

由于受众的数据处理能力较弱，我们不得不在呈现数据时对数据进行筛选，然后通过参照点将数据的影响力扩大。而前文提到的组织占比、组织排名、组织均值、组织标准、组织参照和竞品参照这 6 种参照点，都是在空间内进行对比（也可以理解为横向对比），比如"小欣的业绩占部门销售额的 20%"，采用了当前空间内的参照点。如果再加上"时间"的维度，把过去的时间点也作为一种特殊的参照点，那么数据的表述方式将会更丰富。

为什么说过去的时间点是一种特殊的参照点呢？先来看看传统的空间维度的参照点。比如，"小欣本月的业绩总和在部门占 20%"，使用的是"业绩"指标，统计方法为"总和"，参照点是空间维度的"组织占比"，可以突显出小欣业绩较好。

而时间维度的参照点对比是怎样的呢？它与普通的空间维度的参照点对比有什么不同呢？

举个例子，"小欣本月的业绩总和较上个月上涨 60%"，使用的是"业绩"指标，统计方法为"总和"，没有使用原有的空间维度的 6 种参照点，而仅仅采用时间维度的对比，把上个月的业绩总和作为参照点，也能突显出小欣业绩突飞猛进的提升。

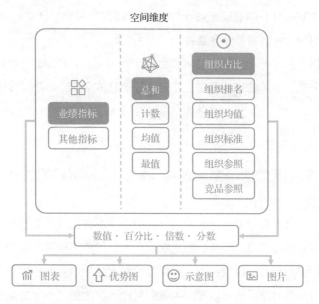

（注：上图中将"平均值"简写为"均值"。本章余同）

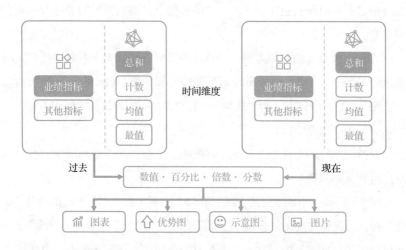

由此可见，仅仅使用空间维度的对比或者仅仅使用时间维度的对比，都是可以增强数据说服力的，但如果将"空间维度"（横向）和"时间维度"（纵向）进行组合，那么表述方式会更丰富。

比如将上一个案例"加强"，把时间维度的对比结果再放到空间维度中对比，把表述方式改成"小欣本月的业绩总和较上个月上涨60%，增速在公司内排名第一"，就是将时间维度的对比结果"上涨60%"再放到空间维度的"组织排名"中进行对比。

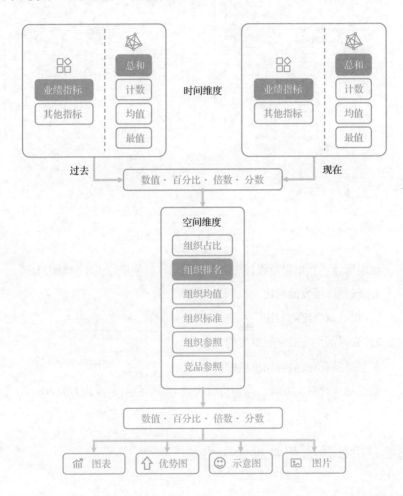

如果先进行空间维度的对比，然后再进行时间维度的对比，会怎么样呢？比如，"小欣本月的业绩总和在公司的排名较上月提升3位"，指标是"业绩"，统计方法为"总和"，先使用了空间维度的"组织排名"这

个参照点，然后将时间维度的"上个月"作为参照点，也能够突显出小欣的进步。

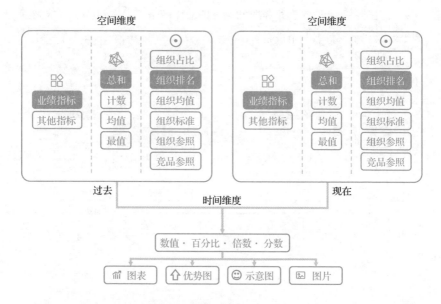

综上所述，在增强数据说服力时，我们可以使用以下 4 种对比方式。

1. 仅空间维度的对比。

2. 仅时间维度的对比。

3. 先时间维度后空间维度的对比。

4. 先空间维度后时间维度的对比。

通过这 4 种对比方式，我们将极大地丰富增强数据说服力的方法。

5.3 对比过去的 4 种常用方法

如果加上时间维度的参照点，那么增强数据说服力的表述方式将大大增加。可有太多的时间点可以使用了，如过去的 1 天、过去的 1 周、过去的 1 年和过去的 10 年等，都是过去的时间点。在增强数据说服力时，我们通常采用"环比""同比""特定时间""预期目标"4 种方法。

▷ 5.3.1 比上月增长了 20%——环比

环比是指连续 2 个统计周期(通常为连续 2 个月)内的量的变化比,用以说明本周期水平与上一周期水平的差距。比如,"小欣 5 月的业绩总和环比增速达 20%",也就是说小欣 5 月的业绩总和比 4 月的业绩总和增长了 20%。

这句话中的"增速"很容易和"增幅"混淆。增幅也称为增长量,计算方法如下。

$$增幅 = 现在量 - 过去量$$

增速也称为增长率,计算方法如下。

$$增速 = \frac{现在量 - 过去量}{过去量} \times 100\%$$

增幅通常为具体的数字,而增速则用百分比表示,如"小欣 5 月的业绩环比增幅达 5 万元,增速高达 20%"。与增幅和增速相对应的还有降幅与降速,如"小欣本月的产品不良率降幅达 10 个百分点,降速高达 12.5%"。

在使用"环比"对比过去时,我们经常会使用"增速""增幅""降速""降幅"等。而且仅从时间维度进行表述时,每个指标都可用 4 种统计方法——总和、计数、平均值和最值进行对比。

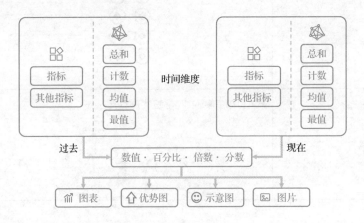

比如，对于小欣的"业绩"指标，使用"环比"方法进行对比时，4种统计方法的表述方式如下表所示。

参照点 统计方法	时间维度（环比）
总和	本月业绩总和环比增速达 20%
计数	订单数量环比增幅超过 50 笔
平均值	平均业绩环比增速超过 20%
最值	最大订单金额环比增幅超过 1000 元

仅采用时间维度来对比较为简单，如果采用"先时间维度后空间维度"的方式来增强数据说服力，那么会再增加 6 种空间维度的对比。

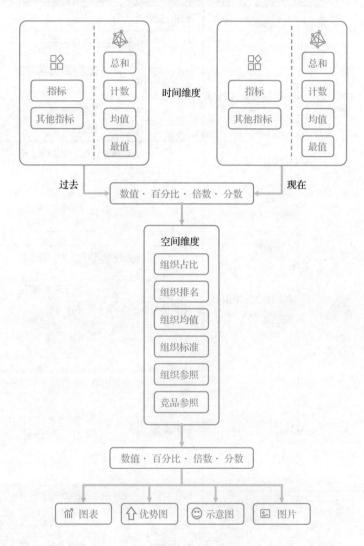

比如，将小欣的"业绩"指标先使用"环比"进行时间维度的对比，然后再进行空间维度的对比的表述方式如下表所示。

下表中每行所列数据仅为了说明表述方式，相互之间没有关联。下同。

统计方法 ＼ 参照点	第一步：时间维度（环比）	第二步：空间维度	
总和	本月业绩总和环比增速达 20%	组织占比	/
		组织排名	增速在公司排名第一
		组织均值	增速是公司平均值的 2 倍
		组织标准	超出公司标准 2 个百分点
		组织参照	增速比第二名的高 5 个百分点
		竞品参照	增速比小缘的高 8 个百分点

统计方法 ╲ 参照点	第一步：时间维度（环比）	第二步：空间维度	
计数	订单数量环比增幅超过 50 笔	组织占比	/
		组织排名	增幅在公司排名第二
		组织均值	增幅超出公司平均值 10%
		组织标准	比公司标准多 10 笔
		组织参照	增幅与第一名的仅差 1 笔
		竞品参照	增幅比小缘的高出 8%

统计方法 参照点	第一步：时间维度（环比）	第二步：空间维度	
平均值	平均业绩环比增速超过 20%	组织占比	/
		组织排名	增速在公司排名第一
		组织均值	增速是公司平均值的 2.5 倍
		组织标准	超出公司标准 5 个百分点
		组织参照	增速比第二名的高 6 个百分点
		竞品参照	增速比小缘的高 6 个百分点

统计方法 \ 参照点	第一步：时间维度（环比）	第二步：空间维度	
最值	最大订单金额环比增幅超过 1000 元	组织占比	/
		组织排名	增幅在公司排名第一
		组织均值	增幅超出公司平均值 10%
		组织标准	是公司标准的 2 倍
		组织参照	比第二名与第三名之和还要多 15%
		竞品参照	增幅比小缘的高 15%

通过上表我们可以发现，一个指标对应 4 种统计方法，如果先使用"环比"进行时间维度的对比，然后再进行空间维度的对比，就有 4 种统计方法和 6 种空间维度的参照点可供选择，去除 4 种无法使用的"组织占比"的表述方式，实际上有 20 种表述方式可以增强数据说服力。

在实际操作时，第一步的时间维度的对比和第二步的空间维度的对比不一定要全部表述。比如，"小欣本月业绩总和环比增速达 20%，增速在公司排名第一"对两个维度都进行了表述，我们也可以省略前半部分，将其表述为"小欣本月业绩的增速在公司排名第一"。

那如果使用"先空间维度后时间维度"的方式来增强数据说服力会怎么样呢？

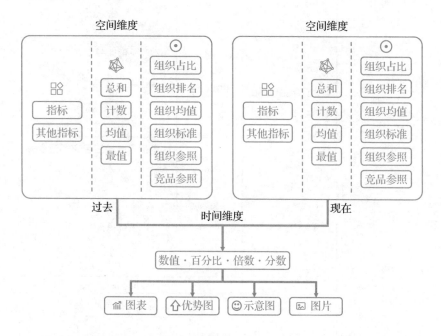

比如，将小欣的"业绩"指标先用 6 种空间维度的参照点进行对比，然后用"环比"进行时间维度的对比的表述方式如下表所示。

统计方法 ＼ 参照点		第一步：空间维度	第二步：时间维度（环比）
总和	组织占比	业绩总和上月占公司业绩总和的 20%，本月占 25%	占比的环比增幅达 5 个百分点
	组织排名	业绩总和上月排名第三，本月排名第二	环比排名提升 1 位
	组织均值	业绩总和上月超出公司平均值 10%，本月超出公司平均值 15%	环比提升 5 个百分点
	组织标准	业绩总和上月超出公司标准 5%，本月超出公司标准 7%	环比提升 2 个百分点
	组织参照	业绩总和上月与第一名差 4000 元，本月与第一名差 2000 元	差距环比缩小 1/2
	竞品参照	业绩总和上月比小缘多 5%，本月比小缘多 10%	环比提升 1 倍

参照点 统计方法	第一步：空间维度	第二步：时间维度 （环比）
计数	**组织占比** 订单数量上月占公司总订单数量的20%，本月占25%	环比增幅达5个百分点
	组织排名 订单数量上月排名第一，本月排名第一	环比排名保持第一
	组织均值 订单数量上月超出公司平均值20笔，本月超出公司平均值40笔	环比提升1倍
	组织标准 订单数量上月超出公司标准5%，本月超出公司标准8%	环比提升3个百分点
	组织参照 订单数量上月比第二名多20笔，本月比第二名多40笔	环比提升1倍
	竞品参照 订单数量上月比小缘多10笔，本月比小缘多15笔	环比提升50%

参照点 / 统计方法		第一步：空间维度	第二步：时间维度（环比）
均值	组织占比	/	/
	组织排名	平均订单业绩上月排名第三，本月排名第二	环比排名提升1位
	组织均值	平均订单业绩上月超出公司平均业绩10%，本月超出公司平均业绩15%	环比提升5个百分点
	组织标准	平均订单业绩上月超出公司标准5%，本月超出公司标准9%	环比提升4个百分点
	组织参照	平均订单业绩上月比第二名多200元，本月比第二名多400元	环比提升1倍
	竞品参照	平均订单业绩上月比小缘多100元，本月比小缘多150元	环比提升50%

统计方法 \ 参照点	第一步：空间维度		第二步：时间维度（环比）
	组织占比	/	/
	组织排名	最大订单业绩上月排名第一，本月排名第一	环比排名保持第一
最值	组织均值	/	/
	组织标准	/	/
	组织参照	最大订单业绩上月比第二名多 2000 元，本月比第二名多 4000 元	环比提升 1 倍
	竞品参照	最大订单业绩上月比小缘多 15%，本月比小缘多 25%	环比提升 10 个百分点

通过上表我们可以发现，一个指标对应不同的统计方法，如果先进行空间维度的对比，然后使用"环比"进行时间维度的对比，就有 4 种统计方法和 6 种空间维度参照点可供选择，去除 4 种无法使用的表述方式，实际上有 20 种表述方式可以增强数据说服力。

在实际操作时，第一步的空间维度的对比和第二步的时间维度的对比不一定要全部表述。比如，"小欣的业绩总和上月占公司业绩总和的 20%，本月占 25%，环比占比增幅达 5 个百分点"表述了两个维度，我们也可以省略前半部分，将其表述为"小欣的本月业绩总和环比占比增幅达 5 个百分点"。

综上所述，对比一个"业绩"指标就有四种对比方式可选：仅空间维度的对比、仅时间维度的对比、先时间维度后空间维度的对比和先空间维度后时间维度的对比。而且每种方式还对应4种统计方法，也就是说增强数据说服力的表述方式有近百种。如果使用"利润""客户满意度""成本""良品率""产品数"等其他指标，那可供汇报使用的表述方式将更多。

Ⓥ 生活中使用"环比"来增强数据说服力的案例非常多。《2020中国共享两轮车市场专题报告》显示，2020年共享电单车市场交易规模将突破73亿元，环比增长75%。这里采用了指标为"市场交易规模"，统计方法为"总和"，时间维度为"环比"的表述方式，可以突显我国共享两轮车市场2020年的发展形势较好。

Ⓥ 除此之外，中国客车统计信息网的数据显示，2021年3月，在5米以上客车销量排行榜前10的企业中，中车电动环比增幅高达610%，排名第一。这里采用了指标为"销量"，统计方法为"计数"，先时间维度的"环比"、后空间维度的"组织排名"的表述方式，可以突显中车电动的销量很好。

▷ 5.3.2　比去年同期增长了20%——同比

同比一般是指今年的月份与去年相同月份的对比。同比主要是为了消除季节变动的影响，用以说明本期水平与去年同期水平的差距。比如，"小欣5月的业绩总和同比增速达20%"，也就是说小欣今年5月的业绩总和比去年5月的业绩总和增长了20%。

"同比"和"环比"只有一字之差，很容易令人混淆。不熟悉它们的人该怎么区分呢？我通常会用"时钟"来记忆：每年的1到12月对应12个刻度，均匀分布在圆环上，"环比"就是对同一圆环的两个时间点进行对比，而"同比"就是对不同圆环相同方位的两个时间点进行对比。

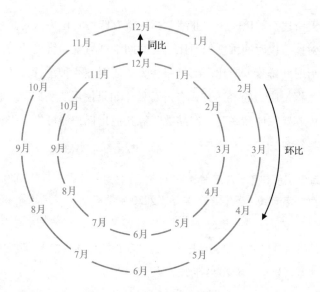

　　虽然"同比"和"环比"在概念上是不同的，但是它们在增强数据说服力的表述上非常相似。比如，使用"环比"作为时间维度的参照点对比，表述方式为"本月业绩总和环比增速达 20%，增速在公司排名第一"，这里使用了"业绩"指标，"总和"的统计方法，先时间维度的"环比"、后空间维度的"组织排名"的方法进行表述。运用"同比"也完全可以使用一模一样的表述方式，只需将其修改为"本月业绩总和同比增速达 20%，增速在公司排名第一"。

　　"环比"有多少种不同的表述方式，"同比"也就有多少种不同的表述方式。由于它们在增强数据说服力的表述上是完全相同的，此处就不再举例赘述。

✔ 生活中使用"同比"来增强数据说服力的案例也非常多。比如，2021年 4 月，某省人民政府新闻办公室召开新闻发布会，介绍该省 2021 年一季度经济社会运行情况。数据显示，一季度，某省生产总值达 18055.5 亿元，按可比价格计算，同比增长 18.0%，经济运行加快迈入正常发展轨道，经济社会发展实现良好开局。这里采用了指标为

"生产总值"，统计方法为"总和"，时间维度为"同比"的表述方式，可以突显该省 2021 年一季度经济发展较好。

✓ 又如，《2018 年中国知识产权发展状况评价报告》显示，2018 年，我国知识产权综合发展指数达 257.4（以 2010 年为 100），较上年同比提升 17.9%，在 40 个主要国家中排名提升 5 位。这里采用了指标为"知识产权综合发展指数"，统计方法为"总和"，先时间维度的"同比"、后空间维度的"组织排名"的表述方式，可以突显我国知识产权综合发展指数较高。

▷ 5.3.3　比入职时提升了 10 倍——特定时间

环比通常是指与上一个时期相比，同比通常是指与去年同一时期相比，但生活中有很多种对比过去的情况，它们既不属于环比，也不属于同比，而是与一些特定时间相比。

小欣在汇报时，会以自己刚入职的时间作为参照点，如"我入职 5 个月，月业绩已比刚入职时提升了 10 倍"；企业在进行公司介绍时，会以公司刚成立的时间作为参照点，如"公司成立第一年的营业额在经济园区排名第 98 位，今年排名第 8 位，3 年的时间里排名提升了 90 位"。还有很多特定时间，如"5 年前""10 年前""部门成立之初""公司在引入某专业技术前"等。

特定时间和环比、同比类似，都可以结合不同的统计方法和空间维度的参照点，在增强数据说服力的表述上是完全相同的，此处不赘述。

▷ 5.3.4　超出业绩目标 25%——预期目标

"环比""同比""特定时间"都是用过去一个时间点的数据作为参照点，而对比过去的最后一种方法较为特殊，它是拿曾经定下的预期目标作为参照点。这个预期目标可以是员工每个月的业绩目标，也可以是公司预期达到的市场占有率，等等。

比如，小欣这个月的业绩目标是 10 万元，而他实际完成了 10 万元，那么小欣就完成了自己的预期目标。这时他再配上完成目标优势图[①]，就可以明确地告诉上级：我圆满完成了预期目标。

恰好完成预期目标的情况很少见，员工通常会超出预期目标。比如，小欣这个月的业绩是 10 万元，而业绩目标是 8 万元，那么小欣就可以说自己本月的业绩"超出业绩目标25%"。而在对"25%"这个数据进行可视化时，我们可以使用超过目标优势图[②]。

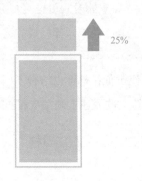

---

① 完成目标优势图的制作方法：在 PPT 中插入 2 个矩形，外部的矩形只有轮廓，内部的矩形需要填充。

② 超过目标优势图的制作方法：在 PPT 中绘制 3 个矩形和 1 个箭头即可。

把"预期目标"作为参照点是较为特殊的一种方法。"预期目标"通常不和空间维度的 6 种参照点结合，但可以与 4 种统计方法结合使用。比如，小欣的"业绩"指标的所有表述方式如下表所示。

统计方法＼参照点	预期目标
总和	本月业绩总和达到预期目标
计数	订单数量超额完成 10 笔
平均值	平均业绩超出预期目标 20%

続表

统计方法 \ 参照点	预期目标
最值	最大订单金额达到预期目标

在我们的生活中，通过"预期目标"来增强数据说服力的案例非常多。比如：

✅ 某白酒品牌发布的 2020 年年报显示，公司全年实现营业收入 949.15 亿元，年度目标圆满完成。

该年报中的"年度目标圆满完成"就用了"预期目标"作为参照点，突出该公司 2020 年的销售业绩较好。

使用"预期目标"的例子还有很多。例如：

✅ 网易科技报道，2019 年 11 月，阿里巴巴高管在上海进博会中宣布，去年阿里巴巴定下 5 年进口 2000 亿美元（约 1.4 万亿元人民币）的目标，截至 2019 年 10 月底，已经超额完成首年目标，其中来自 78 个国家和地区、超过 2.2 万个海外品牌已经入驻天猫国际，覆盖 4300 多个产品类目。

"超额完成首年目标"就用了"预期目标"作为参照点，以突显阿里巴巴进口数额之大。

5.4 历史数据的 3 种呈现方法

环比、同比、特定时间和预期目标都是拿过去的一个时间点的数据作为参照点，而我们在生活中还经常使用历史数据。比如，小欣在年底进行汇报时需要展示自己今年的业绩，详细数据如下表所示。

月份	每月业绩（万元）
1月	10
2月	3
3月	10
4月	4
5月	12
6月	3
7月	13
8月	5
9月	15
10月	4
11月	14
12月	5

再配上相应的图表，如下图所示。

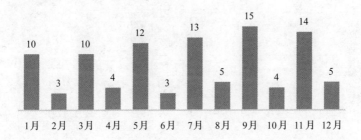

作为小欣的上级，在看到这样的图表时，通常会想：小欣的业绩忽高忽低，非常不稳定。

有没有什么方法能让这些历史数据突显数据说服力呢？通常有3种方法：累计、组合和抽样。

▷ 5.4.1 方法一：累计

累计是指数据累加，如小欣1月的业绩是10万元，2月的业绩是3万元，那么到了 2 月，小欣的累计业绩则是 13 万元。小欣整年的销售业绩通过累计计算后如下表所示。

月份	每月业绩（万元）
1 月	10
2 月	3
3 月	10
4 月	4
5 月	12
6 月	3
7 月	13
8 月	5
9 月	15
10 月	4
11 月	14
12 月	5

月份	累计业绩（万元）
1 月	10
2 月	13
3 月	23
4 月	27
5 月	39
6 月	42
7 月	55
8 月	60
9 月	75
10 月	79
11 月	93
12 月	98

将每月业绩和累计业绩用图表呈现后，我们可以很明显地看出两者的区别。

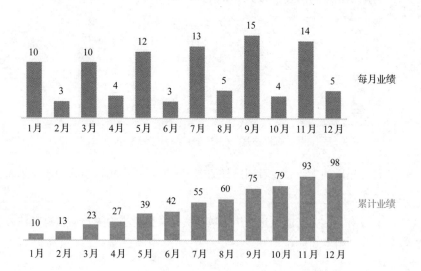

小欣的业绩并没有发生改变，但将每月业绩改成累计业绩后，受众就会感觉数据在不断增长。这是为什么呢？

其实累计业绩是在上一个月的业绩基础上，加上这个月的业绩，所以只要当月业绩不为零，那么累计业绩就会不断上涨。将累计业绩图进行拆解后，我们就可以一眼看出累计业绩图是如何增强数据说服力的了。

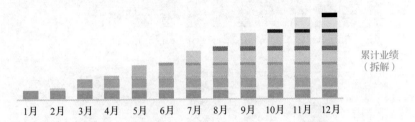

累计业绩
（拆解）

1月 2月 3月 4月 5月 6月 7月 8月 9月 10月 11月 12月

▷ 5.4.2　方法二：组合

在增强历史数据的说服力时，"累计"是一种有效的方法——只要每个月都有数据，那么累计的数据将呈现不断增长的势头。除了"累计"，"组合"也是一种常见的历史数据呈现方法，它是将数据按照一定的规律进行组合。比如，将小欣的业绩按照每两个月的形式组合，详细数据如下表所示。

月份	每月业绩（万元）
1月	10
2月	3
3月	10
4月	4
5月	12
6月	3
7月	13
8月	5
9月	15
10月	4
11月	14
12月	5

→

月份	组合业绩（万元）
1～2月	13
3～4月	14
5～6月	15
7～8月	18
9～10月	19
11～12月	19

将每月业绩和组合业绩用图表呈现后，我们可以很明显地看出两者的区别。

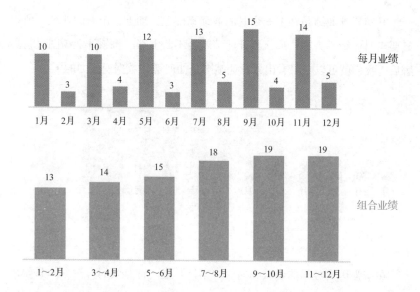

每月业绩

组合业绩

除了可以每2个月进行组合，还可以按每3个月（一个季度）、每6个月（半年）、每12个月（一年），甚至每5年等形式进行组合。使用"组合"呈现数据可以弱化组合内数据的波动。

比如，小欣所在公司近两年的营业额如下表所示。

月份	营业额（万元）	月份	营业额（万元）
2020 年 1 月	700	2021 年 1 月	400
2020 年 2 月	800	2021 年 2 月	1500
2020 年 3 月	200	2021 年 3 月	300
2020 年 4 月	300	2021 年 4 月	300
2020 年 5 月	1100	2021 年 5 月	200
2020 年 6 月	500	2021 年 6 月	1800
2020 年 7 月	1200	2021 年 7 月	1700
2020 年 8 月	600	2021 年 8 月	300
2020 年 9 月	200	2021 年 9 月	500
2020 年 10 月	400	2021 年 10 月	200
2020 年 11 月	900	2021 年 11 月	2000
2020 年 12 月	900	2021 年 12 月	600

相应的图表如下图所示，图中数据有高有低，让受众感觉非常不稳定。

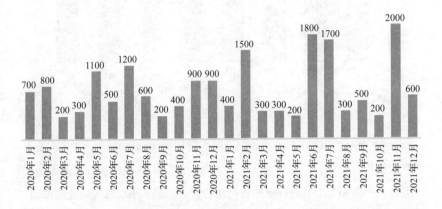

但如果将这些数据按季度进行组合，那么小欣所在公司的营业额数据如下表所示。

季度	营业额（万元）
2020 年第一季度	1700
2020 年第二季度	1900
2020 年第三季度	2000
2020 年第四季度	2200
2021 年第一季度	2200
2021 年第二季度	2300
2021 年第三季度	2500
2021 年第四季度	2800

相应的图表如下图所示，受众会感觉数据在不断增长，小欣所在公司未来的发展趋势良好。

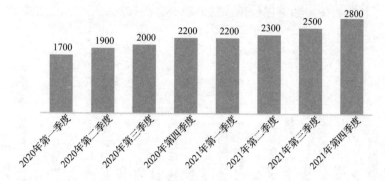

运用"组合"这一方法，我们可以将数据的波动弱化——这并不是一种欺骗行为。比如，汇报中常用的"每月业绩"，从严格意义上说也是一种组合——按照1个月对日业绩进行组合，它隐藏了小欣每天的业绩波动。但我们又不能在汇报时使用"每日业绩"，不然光"业绩"这一个指标就有365个数据需要呈现，这会让查看数据的人大脑直接"宕机"。

▷ 5.4.3 方法三：抽样

历史数据的最后一种呈现方法是"抽样"，也就是在原数据中按规律抽取出较有影响力的数据进行呈现。比如，将小欣的每月业绩按照单数月进行抽样，结果如下表所示。

月份	每月业绩（万元）		月份	每月业绩（万元）
1月	10		1月	10
2月	3			
3月	10		3月	10
4月	4			
5月	12		5月	12
6月	3	→		
7月	13		7月	13
8月	5			
9月	15		9月	15
10月	4			
11月	14		11月	14
12月	5			

如果将抽样前和抽样后的图表进行对比，那数据的说服力将更显著。

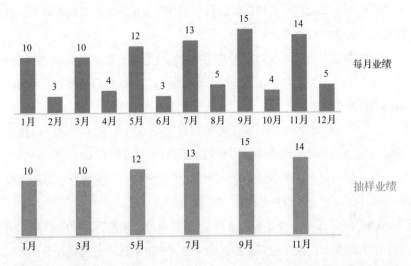

除了按奇数月进行抽样，按季度、按半年与按一年进行抽样都是常见的抽样方法。

"累计"、"组合"和"抽样"都是弱化数据波动，从而增强数据说服力的方法，它们在生活中的应用非常广泛。但为防止读者对某些公司和组织的数据产生误解，所以此处省略案例。

本节介绍了3种呈现历史数据的方法——"累计"、"组合"和"抽样"来帮助读者增强数据说服力。接下来，请根据自己最近碰到的一些数据，使用这3种方法，在电脑上操作，增强这些数据的影响力吧。

5.5 通过趋势线突显未来趋势向好

在进行时间点的比较时，最常用的方法就是拿过去与现在进行对比。如果是单个时间点的对比，可以使用环比、同比、特定时间和预期目标这4种方法；如果是多个时间点的呈现，可以使用累计、组合和抽样这3种方法。

在很多情况下，我们需要根据现有数据预测未来，如员工汇报时需要预测自己的未来业绩，公司在做融资路演时需要预测未来市场占有率和利润值等。怎么才能预测未来呢？

要解决这个问题，我们首先需要明确的是为什么要预测未来。在汇报时预测未来，主要是为了在当下给予受众信心。那么我们是否需要为自己做出的预测负责呢？

卡恩是 20 世纪六七十年代最受欢迎和尊重的未来学家之一。他于 1967 年发表的作品《2000 年：20 世纪最后 30 年里可能的 100 项技术创新》里，有一整章对未来的预测。然而对照 21 世纪初的实际情况，即使用最宽松的评判标准，其错误率也在 75% 以上。

1969 年，《产业研究》杂志对 10 年以后的"未来"——1979 年，做出了惊人的预测：人类的寿命将达到 150 ~ 200 岁。但是直到今天，人类的寿命与该预测也相去甚远。

20 世纪 40 年代末，在第一台计算机发明后，美国的专家还认为全美国只需要 4 台这样的机器，英国的专家同样认为他们只需要 4 台。实际情况是，到 1996 年，全球个人计算机总销量已达 6840 万台，最近 20 年的销量更是呈爆炸式增长。

这些预测的人并没有因为自己对未来的不当预测而受到牢狱之灾，更没有受到社会的惩罚，所以我们在汇报中预测未来时并不用太担心自己需要对预测负责。那是不是就可以胡编乱造、给出夸张的未来预期呢？当然不可以。

如果是给自己设定预期目标，这个"未来预期"就是自己将来需要达到的目的。在对比过去的 4 种方法中，有一种就是"预期目标"，也就是对比自己是否达成了预期目标。如果给自己设定的预期目标太高，就像在给自己"挖坑"，自己也将承担完不成预期目标的后果。

这就让我们陷入了两难的境地——未来预期太低，无法给受众信心；未来预期太高，则会给自己"挖坑"。有没有什么理性的方法，可以让我们科学地预测未来，尽可能给受众信心，并预测出自己可以达到的预期目标呢？当然有，下面将介绍一种最简单的方法——趋势线。

Excel提供了指数、线性、对数、多项式、乘幂和移动平均这6种趋势线，其中常用的是指数、线性和对数趋势线，详细介绍如下。

趋势线种类	图形	特征	主要用途	案例
指数趋势线		增长幅度越来越大	表示持续增长或减少	成长型公司营业额、新产品销量
线性趋势线		直线	表示稳定	公司新增产品数、员工收入
对数趋势线		增长幅度越来越小	表示一开始变化得比较快，后期较慢	季节性产品销量、产品促销业绩

比如，要呈现小欣的累计业绩，需要用3种趋势线中的哪一种呢？这完全取决于小欣在汇报时想给受众什么样的感觉。比如，小欣为了升职，想让受众对自己的业绩有信心，那么可以使用指数趋势线。

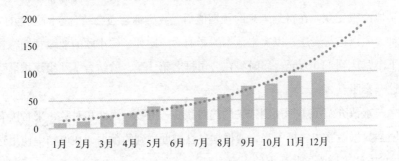

如果小欣为了降低自己未来的业绩压力，想让受众不要有太高的心理预期，那么可以使用对数趋势线。

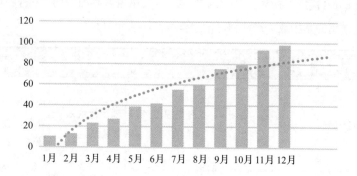

如果小欣想在增强受众的信心和降低未来的业绩压力之间取得平衡，那么可以使用线性趋势线。

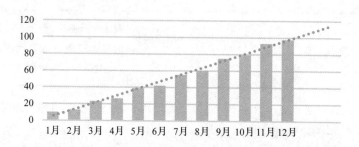

不管是指数趋势线、线性趋势线还是对数趋势线，都能够帮助我们科学地说服受众。在得到未来的预期值后，我们通常还会结合空间维度的 6 种参照点进行表述，以突出数据的影响力。比如，"小欣的业绩预期将在下个月达到 110 万元，届时将在公司排名第一"，就结合了"组织排名"这一参照点。

本节介绍了 3 种预测未来的趋势线——指数、线性和对数，来帮读者增强数据说服力。接下来，请根据自己最近碰到的数据，在电脑中使用这 3 种方法来增强这些数据的影响力吧。

5.6 提升数据说服力的完整模型

在提升数据说服力时，根据空间维度和时间维度的不同，我们可以有4种不同的对比方式，分别如下。

仅空间维度的对比，如"小欣的业绩总和占部门销售额的20%"。

仅时间维度的对比，如"小欣本月的业绩同比上涨60%"。

先空间维度后时间维度的对比，如"小欣本月的业绩环比上涨60%，增速在公司排名第一"。

先时间维度后空间维度的对比，如"小欣本月的业绩在公司的排名环比提升3位"。

这4种对比方式都是我们在生活中常用的。为了方便、灵活地增强数据说服力，我们可以将这4种对比方式归纳为以下模型。

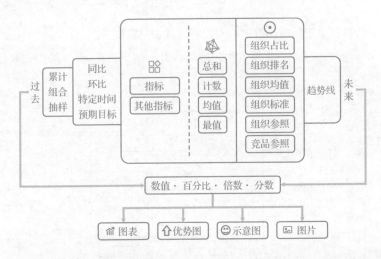

这是完整数据说服力模型，它不仅包含了空间维度和时间维度的表述方式，也包含了历史数据的呈现方法和通过趋势线突显未来趋势的方法。

当只需要进行空间维度的对比时，我们只需要关注指标、4种统计方法和 6 种空间维度的参照点，然后将对比结果通过 4 种可视化方法呈现。详见下图绿色部分。

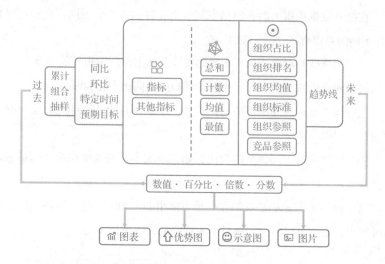

当只需要进行时间维度的对比时，我们只需要关注指标、4 种统计方法和 4 种对比过去的常用方法，然后将对比结果可视化。详见下图绿色部分。

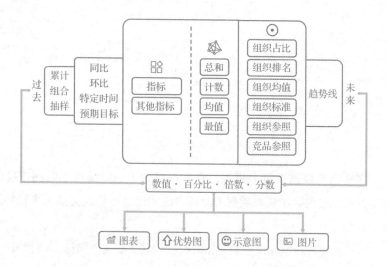

当需要进行时间维度和空间维度的对比时，我们只需要关注指标、4种统计方法、4种对比过去的常用方法和6种空间维度的参照点，然后将对比结果可视化。详见下图绿色部分。

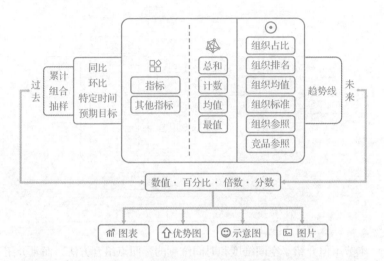

当需要进行历史数据的对比时，我们只需要关注指标、4种统计方法和3种历史数据的呈现方法，然后将对比结果可视化。详见下图绿色部分。

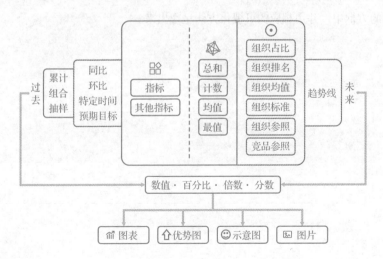

当需要进行未来数据的预测时，我们只需要关注指标、4种统计方法、6种空间维度的参照点和预测未来的趋势线，然后将对比结果可视化。详见下图绿色部分。

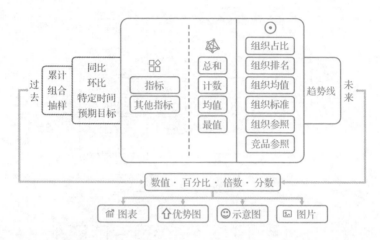

本节不但介绍了空间维度和时间维度的参照点组合方法，而且介绍了对比过去的4种常用方法、历史数据的3种呈现方法、预测未来的趋势线，并用一张图总结了增强数据说服力的完整模型。接下来，请思考自己最近碰到的一个数据，然后使用这些方法增强这个数据的影响力，将其写在下面的方框中，并用相应的可视化方法呈现出来。

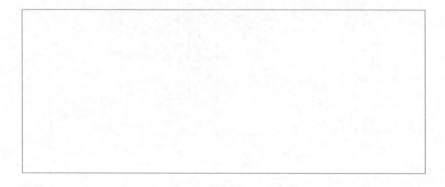

第 6 章

引导受众的倾向

——对比结果

6.1 地球上哪怕有 99% 的人讨厌你，但还有 7500 万人喜欢你

在数据说服力的完整模型中，我们不管是使用时间维度的对比、空间维度的对比，还是呈现历史数据等方式，都会形成对比结果，而这个对比结果通常会有 4 种呈现方式：数值、百分比、倍数和分数。

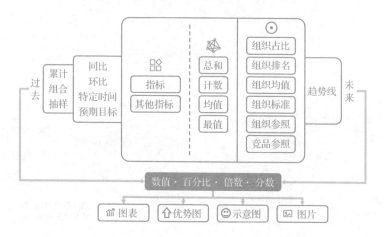

我们应该在什么时候用数值，什么时候用百分比，什么时候用倍数，什么时候用分数呢？卡尼曼的《思考，快与慢》中有这样一个研究，受访者需要在以下两个选项中选择他认为哪一个危害更大。

> **选项 A**：每 1 万个人中有 1286 个人因某种疾病死亡。
> **选项 B**：某种疾病会导致 24.14% 的人口死亡。

"每 1 万个人中有 1286 个人死亡"，死亡率仅为 12.86%，几乎是 24.14% 的一半，可大部分人竟然选择了选项 B，也就是认为 "24.14% 的人死亡" 要比 "每 1 万个人中有 1286 个人死亡" 危害更大。唯一的解释就是数字 "1286" 比数字 "24.14" 要大。

同样的案例还有很多，如科学家斯洛维克引用了某篇文章的一句

话——"每年死于严重精神病患者之手的美国人有 1000 人"，这句话给受众的感觉是"严重精神病患者的杀人率很高"。但将数值换成百分比则完全不然，如果按照美国有 3 亿人口计算，这句话将变成"每年死于严重精神病患者之手的美国人约为 0.00033%"，那么受众可能会感觉"严重精神病患者的杀人率很低"。如果再加上"竞品参照"这一参照点，这句话可以表述为"每年死于严重精神病患者之手的美国人约为 0.00033%，比自杀人数的 1/30 还少，是因喉癌而死亡的人数的 1/4"，这会让受众感觉"严重精神病患者的杀人率低到可以忽略"。

经典的网络流行语"地球上哪怕有 99% 的人讨厌你，但还有 7500 万人喜欢你"也对对比结果的呈现方式做了选择。因为如果采用百分比，这句话就会变成"只有 1% 的人喜欢你"，而改变对比结果的呈现方式，将百分比改为数值，就变成了"有 7500 万人喜欢你"，瞬间让受众觉得喜欢自己的人有很多。

通过以上案例我们可以发现，"数值"和"百分比"这两种对比结果的选择完全取决于哪种对自己更有利。如果一名优秀的律师想要引起法官对 DNA 证据的怀疑，他不会说"DNA 不匹配的概率是 0.1%"，而是会说"每1000 起案件中就有一起案件出现 DNA 不匹配的情况"，这样更可能使法官产生怀疑。

"倍数"在什么时候用呢？比如，小欣上月业绩为 10 万元，本月业绩为 20 万元，此时小欣的业绩可用以下 4 种方式表述。

> **方式一**：小欣业绩提升了 10 万元（数值）。
> **方式二**：小欣业绩提升至 2 倍（倍数）。
> **方式三**：小欣业绩提升至 200%（百分比）。
> **方式四**：小欣业绩提升了 100%（百分比）。

在这个常见的案例中，这 4 种方式给受众的感受并没有很大的区别。那么"倍数"就完全可以被"百分比"替代吗？

当然不是。比如，某公司的信息流广告能为用户带来全新的沉浸式体验，点击通过率为 1.94%，高于行业标准规定的 1.6%，这时我们可以使用以下 3 种方式表述。

> **方式一**：点击通过率高出行业标准 0.34 个百分点（数值）。
> **方式二**：点击通过率高出行业标准 21%（百分比）。
> **方式三**：点击通过率是行业标准的 1.2 倍（倍数）。

如果采用"高出行业标准 21%"，就会让受众产生疑问："点击通过率连 2% 都不到，这怎么还出来一个 21%？是不是数据作假？"所以原数据以百分比表示时，使用倍数会更合理。

"分数"在什么时候用呢？比如，小欣的客户投诉量为 2 个，公司的平均投诉量为 3 个，此时我们可用以下 4 种方式表述。

> **方式一**：小欣的客户投诉量比公司平均投诉量少 1 个（数值）。
> **方式二**：小欣的客户投诉量是公司平均投诉量的 2/3（分数）。
> **方式三**：小欣的客户投诉量约是公司平均投诉量的 66%（百分比）。
> **方式四**：小欣的客户投诉量约比公司平均投诉量低 33%（百分比）。

在这个常见的案例中，这 4 种方式给受众的感受并没有很大的区别。那"分数"就完全可以被"百分比"替代吗？当然不是。比如，小欣的客户投诉率为 2%，公司的平均投诉率为 3%，这时我们可以使用以下 4 种方式表述。

> **方式一**：小欣的投诉率比公司平均投诉率低 1 个百分点（数值）。
> **方式二**：小欣的投诉率是公司平均投诉率的 2/3（分数）。
> **方式三**：小欣的投诉率约是公司平均投诉率的 66%（百分比）。
> **方式四**：小欣的投诉率约比公司平均投诉率低 33%（百分比）。

原数据已用百分比表示，如果再使用百分比就会给受众造成困扰，所以使用分数会更合理。

在呈现对比结果时，我们在不同的情况下会使用不同的方式，如单独使用数值，表述为"小欣的新客户数高出公司新客户标准5人"；单独使用百分比，表述为"小欣的新客户数高出公司新客户标准33%"；单独使用倍数，表述为"小欣的新客户数是公司新客户标准的1.3倍"；单独使用分数，表述为"小欣的投诉率是公司标准的1/2"。

数值   小欣的新客户数高出公司新客户标准5人

百分比   小欣的新客户数高出公司新客户标准33%

倍数   小欣的新客户数是公司新客户标准的1.3倍

分数   小欣的投诉率是公司标准的1/2

我们也可以组合使用各种方式，如使用数值加百分比，表述为"小欣的新客户数高出公司新客户标准5人，高出公司新客户标准33%"；使用数值加倍数，表述为"小欣的新客户数高出公司新客户标准5人，是公司新客户标准的1.3倍"；使用数值加分数，表述为"小欣的投诉率为2%，是公司标准的1/2"。

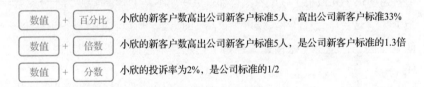

数值 + 百分比   小欣的新客户数高出公司新客户标准5人，高出公司新客户标准33%

数值 + 倍数   小欣的新客户数高出公司新客户标准5人，是公司新客户标准的1.3倍

数值 + 分数   小欣的投诉率为2%，是公司标准的1/2

百分比和倍数不会出现同时使用的情况，如"小欣的新客户数高出公司新客户标准33%，是公司新客户标准的1.3倍"。因为"33%"和"1.3倍"使用了同一种参照点，很容易让人怀疑"这两个不是一回事儿吗？"同理，百分比和分数也不会同时使用。

而倍数和分数也不会同时出现，因为数据比对比物大时应用倍数，数据比对比物小时应用分数。比如，小欣的业绩比小缘高，会表述为"小欣的业绩是小缘的 2 倍"；小欣的投诉率比小缘低，会表述为"小欣的投诉率是小缘的 1/2"。

需要特别指出的是，在数据极小的情况下，百分比可以转换为千分比或万分比。比如，小欣公司各产品的利润率如下表所示。

产品	利润率
产品 A	2.6%
产品 B	2.8%
产品 C	3.1%
产品 D	3.8%

→

产品	利润率
产品 A	26‰
产品 B	28‰
产品 C	31‰
产品 D	38‰

乍看之下，右侧表格的数据要"优秀"很多，可仔细观察后我们发现，左侧表格的数据是用百分比表示的，而右侧表格的数据是用千分比表示的。从数学的角度来说，两边的数据是相等的，但是用千分比表示后，数据说服力得到了增强。

那是不是所有的百分比都可以改为千分比呢？并不是。如果将超过 10% 的数据转换成千分比，其会变成 100‰ 以上，这会让受众感觉很奇怪。除了超过 10% 的数据不宜转换成千分比外，还有一些"越小越好"的负面语言指标也不宜使用千分比表示，如投诉率原本是 1.5%，转换为千分比就是 15‰，这会让受众产生"投诉率很高"的错觉。所以我们可以得出结论：使用正面语言指标（数值越大越好）且总数不超过 10% 时，可以将百分比（%）转换为千分比（‰）。

6.2　118 元比 100 元更"便宜"

康奈尔大学的研究者马诺伊·托马斯和他的团队在分析了 2.7 万套二手房的交易数据后发现，如果卖家一开始的开价更加精确，如开价 538 万元，而不是 500 万元，最后的成交价格反而更高。为什么会出现这种情况呢？因为精确的数字让人觉得更可信。也就是说，开价 500 万元会让人觉得这个价格是凭空而来的，但如果开价 538 万元，听起来就比较靠谱。

美醇特创始人王中永先生认为：精确的数字，给人的印象最深刻，也更踏实。试想一下，假如小欣要买一辆车，一个销售经理对他说"价格大概是 17 万元"，另一个对小欣说"价格是 172850 元"。看似后面这个价格更高，但实际上很多人会觉得后面这个价格看着更靠谱，因为前一个价格过于模糊，让人更拿不定主意。所以，越精确的数字，越能给人一种真实自然的感觉，让人的信任感增加。

精确的数字和数据说服力有什么关系呢？二者关系密切。精确的数字可以增强数据说服力。在使用数据说服力的过程中，最终的对比结果都会形成一个数据，而这个数据可以用数值、百分比、倍数和分数表示。我们在使用数值和百分比时，要尽可能地使数据精确。比如，某产品定价为 118 元，要比定价为 100 元更有吸引力；小欣说自己的业绩"环比提升 10.5%"，要比说"环比提升 10%"更有说服力；宣传时说"公司营业额达到 1823 万元"，要比说"公司营业额达到 1800 多万元"更可信。

6.3 "暴涨 15%" 优于 "提升 15%"

布鲁克·诺埃尔·摩尔等编写的《批判性思维》认为，很多人分不清事实与观点。比如，"小欣的业绩同比上升 20%，在公司的排名提升了 3 位，他工作努力，业绩非常好。"这句话的前半部分是事实，后半部分是观点。

小欣的业绩同比上升20%，在公司的排名提升了3位，他工作努力，业绩非常好。

事实 观点

事实是客观的，是真实发生的事情；而观点是主观的，表达了个人的价值观和兴趣偏好。就像"小欣的业绩同比上升 20%，在公司的排名提升了 3 位"是事实，不管由谁来解读，都不会发生改变。而"他工作努力，业绩非常好"是个人的观点，张三可以这么认为，但李四可能根据前面的事实，得出另外的观点——"同比上升仅 20%，看来小欣工作不努力，业绩一般"。

对于同一个事实，每个人都可以有不同的观点，但很多人都会将事实和观点混淆，认为"小欣工作努力"就是事实。那为什么要区分事实和观点呢？因为人们在记忆时，通常只会记得观点，而不记得事实。小欣的上级看到小欣的汇报，会认为汇报内容是"事实"，然后在脑中形成了"观点"。到了第二天，工作繁忙的上级大概率会忘记"20%"和"排名提升了 3 位"这些繁杂的信息。一个月之后，上级的脑中可能只剩下一个观点，即"小欣工作努力，业绩非常好"。

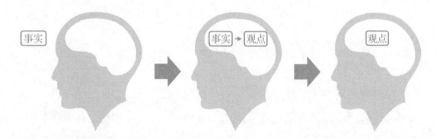

从认知心理学的专业角度来分析，"事实"是外在世界的信息，而"观点"是由外在世界的信息转变而成的个人内在经验。时间长了，人们会记得简单的"观点"，而不是繁杂的"事实"，这是大脑自动进行的一个简化过程。毕竟我们所处的世界有太多的"事实"：早上起床可以看到近 14 天的天气预报，打开微信朋友圈会看到多个好友的生活动态，上班后需要开大大小小数十个会议、接触成百上千个客户、收到上百条微信或邮件的留言，下班后还会面对各种餐厅的推荐信息……而大脑无法原封不动地把这些事实记录下来，只能将其简化为"观点"，从而让自己不至于"宕机"。

既然观点是由事实推导出来的，那直接给观点，不给事实可以吗？不可以。根据建构主义学习理论，人们不是把知识从外界搬到记忆中，而是以原有的经验为基础，通过与外界的相互作用来建构新的理解。也就是说，"观点"不是小欣给上级的，而是上级自己形成的。如果小欣直接说"我很努力，业绩很好"，上级一般是无法接受的。

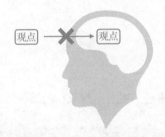

如何才能够影响受众的观点呢？首先是给予事实，让受众自己形成观点。就像小欣对上级说"我的业绩同比上升20%，在公司的排名提升了3位"，这就向受众提供了事实，并影响了受众的观点。

如果只给予事实，只能影响受众的观点，但无法确保其不会出现"纰漏"。比如，上级在看到"业绩同比上升20%，在公司的排名提升了3位"后，可能形成"小欣工作努力，业绩非常好"的观点，也可能形成"小欣工作不努力，业绩一般"的观点。

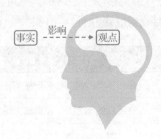

这时，如果采用"事实+观点"的方法，则可以更有效地影响受众的观点。比如，小欣说："在我的努力下，业绩同比增幅高达20%，在公司的排名提升了3位，业绩进步明显。"在这句话中，除了事实还有3个观点——"在我的努力下"、"高达"和"业绩进步明显"。

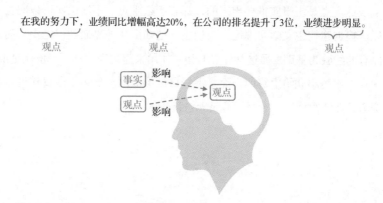

在日常生活中，使用"事实+观点"的案例屡见不鲜。

☑ 2021年4月，《华尔街见闻》披露，疯狂的美国楼市价格同比大涨18%，成交率创历史新高。其中"价格同比增长18%"和"成交率创历史新高"是事实，而"疯狂"和"大涨"是观点，两者结合能使受众形成"美国楼市价格涨得厉害"的观点。

☑ 据富途资讯2021年4月26日的消息，某公司跳空高开，股价狂拉73.44%。其中"73.44%"是事实，而"狂拉"是观点，两者结合会使受众形成"某公司股价涨得厉害"的观点。

下表整理了生活中只需要修改一些词语，就可以利用"事实+观点"的方法来影响受众的观点的部分案例。

事实	事实+观点
客户复购率提升5%	经过半年的努力，客户复购率暴涨5%
投诉率下降1个百分点	在不断的努力下，投诉率大幅下跌1个百分点

事实	事实 + 观点
业绩提升 5%	奋战 30 天后，业绩暴涨 5%
产品不良率下跌至 0.1%	经过 3 个月的苦心研究，产品的不良率直线下跌至 0.1%
因原材料价格上涨，成本提升 7%	虽然原材料价格上涨，但我们不断改良生产流程，成本仅小幅提升 7%
与第一名的差距缩小至 1 万元	在不断优化流程后，与第一名的差距大幅缩小至 1 万元

通过对比上表中的左右两列，我们可以清晰地体会到"事实 + 观点"的巨大影响力。本书提供的增强数据说服力的所有方法，包括空间维度的 6 种参照点、4 种统计方法、其他指标、对比过去的 4 种方法和历史数据的 3 种呈现方法等，都是利用事实来影响受众的观点。如果在这个基础上增加相应的观点，就可以使数据说服力大大增强，从而影响受众的观点。

在本节中，我们不仅讨论了对比结果的 4 种呈现方式——数值、百分比、倍数和分数该如何选择，而且讨论了"精确的数字"以及"事实 + 观点"如何增强数据说服力。接下来，请根据自己最近碰到的一个数据，使用这些方法来增强它的说服力，将其写在下面的方框中，并用相应的可视化方法呈现出来。

第 **7** 章

让数据更直观

——可视化

7.1 人类的眼睛是"骗子"

我们的大脑处理数据的能力并不算强，当面对大量繁杂的数据时，大脑甚至会处于"崩溃"的边缘，所以我们在处理数据时不得不"以偏概全"，用简单的几个数字来呈现数据的全貌，最终将其归为数值、百分比、倍数或分数的呈现方式。

不管是数值、百分比、倍数还是分数，它们都是以数字的形式来呈现数据的。按照诺贝尔生理学或医学奖得主、心理生物学家斯佩里博士的"左右脑分工理论"，处理这些数字都属于左脑的理性思维过程。

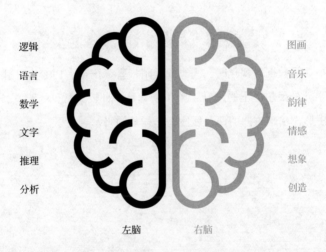

为什么在数据说服力模型中，需要有可视化的部分呢？因为数值、百分比、倍数和分数都在左脑中进行处理，而不同个体的左右脑分工情况是不同的。对某些人来说，右脑的"图画"部分，更能让他们的大脑保持活跃，并帮助他们记忆。所以数据说服力模型提供了常用的可视化方法：图表、优势图、示意图和图片。

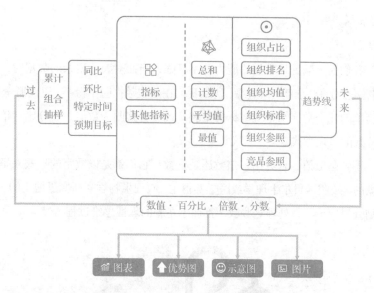

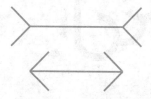

可是在将数据可视化时，人类的眼睛很容易出错。1889 年，由德国生理学家缪勒·莱尔提出的缪勒－莱尔错觉是一种较为常见的错觉。对比以下两个图形，水平方向的两条线段是一样长的吗？

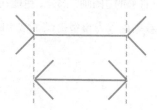

人们往往认为上方的线段更长，但这两条线段其实是一样长的。借助两条辅助线，我们就会发现自己的眼睛出了错。

生活中还有许多类似的视觉错误，如以下两个图形中间的圆，其大小是完全相同的。

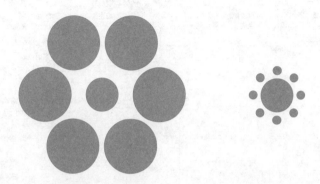

人们甚至每年都会举办视错觉大赛，可见人类的视觉是多么容易被影响。那么在增强数据说服力的 4 种可视化方法中，我们如何才能利用视觉错误来增强数据说服力呢？

7.2 利用图表增强数据说服力的 3 种通用方法

在 4 种可视化方法中，图表是最为常用的一种。我在多年的职场培训中发现，许多人在应用图表时遇到的难点并不在于"怎么做"，毕竟在互联网上搜索"柱形图怎么做"，会得到许多详细的教程。真正的难点在于"怎么选"，也就是选什么图表才能更好地呈现数据。毕竟我们不能把自己的数据上传到互联网上，然后询问"这些数据用什么图表呈现比较好"。

在《数据可视化必修课——Excel 图表制作与 PPT 展示》一书中，我针对工作、生活中常见的 28 种场景，提供了相应的图表，解决了"怎么选"的问题。

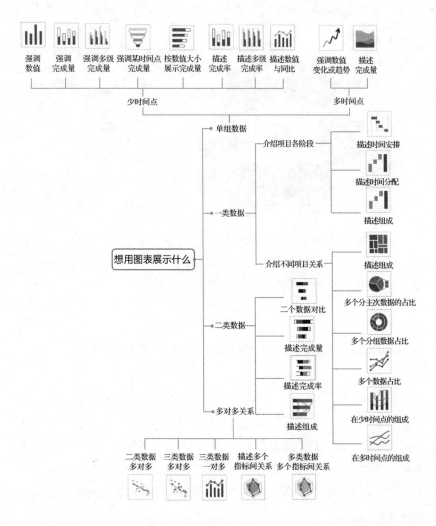

本章要探讨的并不是如何制作这 28 种图表，而是如何通过这些图表增强数据说服力。

▷ 7.2.1 坐标轴缩放

这些图表大部分都是有坐标轴的，如折线图、柱形图、条形图、散点图和面积图等，而使用"坐标轴缩放"的方法可以瞬间增强这些图表的影响力。

以较为常见的柱形图为例，假设小欣本月的业绩为 95000 元，而部门平均值是 100000 元，如果小欣不得不用部门平均值来做比较，可以表述为"我与部门平均值的差距仅 5000 元"。如果用传统的方法，以图表呈现这一结果的效果如下图所示。

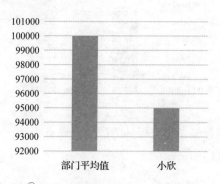

如果缩放坐标轴[①]，将坐标轴的最小值设置为 0，最大值设置为120000，效果如下图所示。

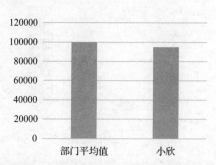

两张图表呈现的数据是一模一样的，但缩放前给受众的感觉是"小欣本月的业绩与部门平均值有很大差距"，而缩放后，图表给受众的感觉变成了"小欣本月的业绩与部门平均值差距不大"。

---

① 缩放坐标轴的方法：在 Excel 中右击坐标轴，单击"设置坐标轴格式"，调整坐标轴选项中的"最小值"和"最大值"即可。

"坐标轴缩放"除了可以缩小差距，还可以放大差距。比如，部门平均值是 100000 元，而小欣的业绩是 105000 元时，传统的图表呈现方式如下图所示。

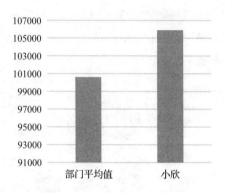

通过缩放坐标轴，将坐标轴的最小值设置为 99000，最大值设置为 106000，效果如下图所示。

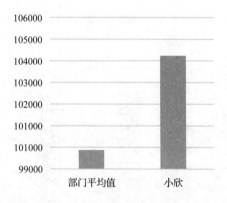

这两张图表呈现的数据也是一样的，但缩放前给受众的感觉是"小欣的业绩与部门平均值差距不大"，而将坐标轴进行缩放，再结合"小欣的业绩比部门平均值高出整整 5000 元"这一表述，则图表给受众的感觉变成了"小欣的业绩比部门平均值高很多"。

"坐标轴缩放"除了可以缩小差距和放大差距，还可以调整数据波动的幅度。比如，某国 2010—2019 年的 GDP 年度增长率如下表所示。

年份	某国 GDP 年度增长率
2019	2.16%
2018	2.93%
2017	2.37%
2016	1.64%
2015	2.91%
2014	2.53%
2013	1.84%
2012	2.25%
2011	1.55%
2010	2.56%

如果使用传统的折线图，那么图表如下所示。

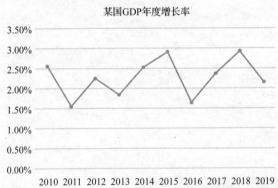

将这张图的坐标轴缩放后，相同的数据可以用以下 3 种图表呈现。

第一种图表，将坐标轴的最小值设置为 1.50%，最大值设置为 3.00%，数据的波动变得更加明显，如果再结合"某国 GDP 增速在 10 年间大幅震荡"这一表述，则图表给受众的感觉是"某国 GDP 增长极其不稳定"。

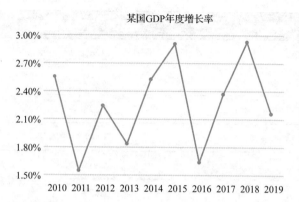

某国GDP年度增长率

第二种图表，将坐标轴最小值设置为–10.00%，最大值设置为4.00%，原本波动较大的数据变得平稳，而且整根折线处于图表的上方，如果再结合"某国GDP增速稳定在3%附近高位运行"这一表述，图表给受众的感觉就是"某国GDP增速平稳且一直较高"。

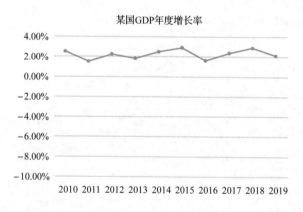

某国GDP年度增长率

第三种图表，将坐标轴最小值设置为1.00%，最大值设置为11.00%，原本波动较大的数据变得平稳，而且整根折线处于图表的下方，如果再结合"某国GDP增速在2%附近低位徘徊"这一表述，图表给受众的感觉就是"某国GDP增长较慢，而且波动幅度不大"。

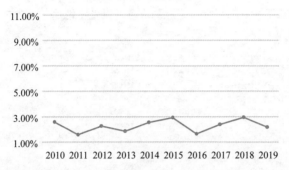

某国GDP年度增长率

　　"坐标轴缩放"可以让数据变得波动，也可以让数据变得平稳；可以让数据一直处于高位，也可以让数据一直处于低位。同样的技巧还可以用在数据上升的情景中。比如，小欣的业绩如下方左上图所示，通过坐标轴缩放，右上角的图表给受众的感觉是"小欣的业绩进步明显"，左下角的图表给受众的感觉是"小欣的业绩一直稳定在高位"，右下角的图表给受众的感觉则是"小欣的业绩一直在低位徘徊"。

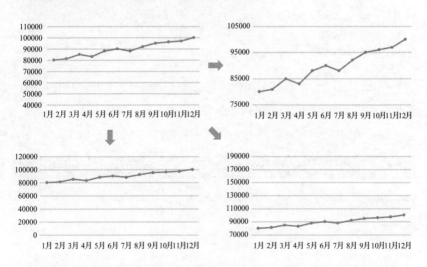

　　同样的技巧还可以用在数据下行的情景中。比如，产品的成本如下方左上图所示，通过坐标轴缩放，右上角的图表给受众的感觉是"产品成本

下降明显"，左下角的图表给受众的感觉是"产品成本一直处于高位"，右下角的图表给受众的感觉是"产品成本一直处于低位"。

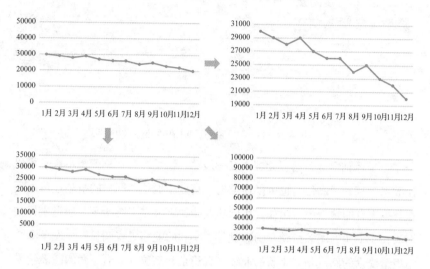

看完这些案例后，你也许不敢相信，相同的数据竟然可以呈现出大相径庭的结果。

▷7.2.2 让柱形变"胖"

在 42 种图表中，类柱形图的图表占据了大部分，包括各种柱形图、条形图和旋风图等，它们都以柱形作为数据的主要可视化工具。

以简单的柱形图为例，小欣每个月的销售订单数如下表所示。

月份	销售订单数（笔）
1月	795
2月	852
3月	899
4月	866
5月	986
6月	799

这些数据可以用以下两个柱形图呈现，那么哪一个更有说服力呢？

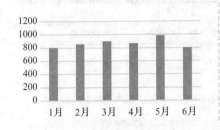 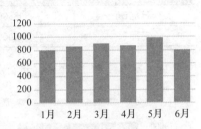

仔细观察后我们发现，两个柱形图的坐标轴相同、呈现的数据相同，配色也相同，唯一的区别就是右图中的柱形比较"胖"①。正是这样比较"胖"的柱形，让受众感觉右图的数据更"厚重"，更加可信。

除此之外，在使用条形图时，我们也可以使用这样的方法，让数据变得更有影响力。比如，要呈现产品的销量排行，在坐标轴、数据和配色相同的情况下，更"胖"的柱形会让受众感觉数据更可信。

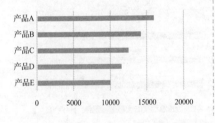 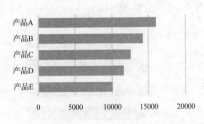

如果在一个图表中同时采用"瘦"的柱形和"胖"的柱形，会产生怎样的效果呢？比如，公司两个销售部门对公司 5 款产品的销售额如下表所示。

产品	部门甲的销售额（元）	部门乙的销售额（元）
产品 A	158000	162000
产品 B	190000	195000
产品 C	200000	205000

① 让柱形变"胖"的方法：在 Excel 中右击柱形，单击"设置数据系列格式"，将间隙宽度设置为 70% ～ 120% 即可。

产品	部门甲的销售额（元）	部门乙的销售额（元）
产品D	185000	190000
产品E	210000	215000

如果采用普通的旋风图 [①] 进行对比，那么图表如下所示。

由于部门甲和部门乙的数据较为接近，我们只有仔细查看才会发现部门乙的数据要优于部门甲。但如果将代表部门甲的数据的柱形变"胖"，那么效果会截然不同。

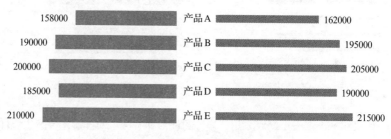

在使用旋风图进行数据对比时，较"胖"的柱形会比较"瘦"的柱形看上去显眼很多，这对突显数据说服力十分有效。需要注意的是，旋风图使用的是双坐标轴，如果对两个坐标轴采用不同的缩放程度，人为地将代表较大数据的柱形变得更"短"，就不属于增强数据说服力的范畴，而属于赤裸裸地欺骗受众，所以这种方式不应使用。

---

① 旋风图的制作过程详见《数据可视化必修课——Excel 图表制作与 PPT 展示》。

158000 产品 A 162000
190000 产品 B 195000
200000 产品 C 205000
185000 产品 D 190000
210000 产品 E 215000

■部门甲 ■部门乙

▷ 7.2.3　三维饼图

2008 年，乔布斯在 Macworld 发布会上，公布了美国各手机品牌的市场占有率，相应的数据如下表所示。

手机品牌	市场占有率
RIM	39%
Apple	19.5%
Palm	9.8%
Motorola	7.4%
Nokia	3.1%
Other	21.2%

由数据可见，Apple 的市场占有率远低于 RIM（黑莓手机的制造商），仅是 RIM 的一半。但乔布斯在表述这一数据时，竟然将这个巨大的劣势轻松掩盖了。他是怎么做的呢？就是使用了下方的三维饼图。

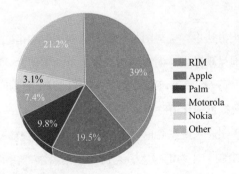

如果不看饼图中的数据标签，在视觉上，最下方的扇形似乎和右侧的扇形大小接近。"19.5%"怎么能够在饼图中与"39%"接近呢？可以利用三维饼图的"透视"效果，利用了"近大远小"的视觉原理，让离受众最近的代表"19.5%"的扇形显得特别大。而采用二维饼图，数据的大小将一目了然。

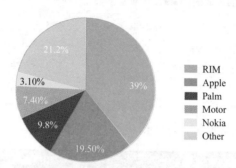

这也就意味着，在使用与饼图相关的图表时，如果想突出某个数据，只需要将二维饼图改为三维饼图，然后将需要突出的数据放在饼图的最下方，这样三维饼分图的"透视"效果将大大增强数据的影响力。

本节提供了通过坐标轴缩放、让柱形变"胖"以及三维饼图增强数据说服力的方法。接下来，请思考自己最近碰到的一些数据，然后使用这 3 种方法在电脑中操作，增强这些数据的影响力吧。

7.3 12 种优势图

在 4 种可视化方法中，优势图排在图表后面，位列第二。这主要是因为图表能更形象地呈现数据，而且图表的样式更加丰富，一张图表能展示的数据量也较多。可对并不熟悉图表的人来说，制作图表并非易事，使用图表成为他们在数据可视化道路上的难关。

优势图相较于图表来说则简单很多，只有 12 种，每种都有固定的样式，几乎不需要重新绘制。作为汇报人，只需要根据需求，在 12 种优势图中选择最合适的一种，然后简单修改即可。

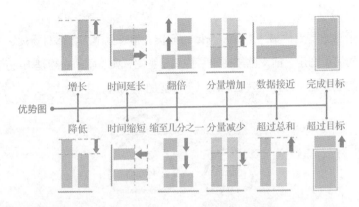

要呈现非时间类的数据增长，如小欣的业绩提升20%，就可以采用增长优势图；如果数据降低，如产品的成本降低，则可以使用降低优势图。

要呈现时间类的数据增长，如小欣使得客户体验时间变长，则可以使用时间延长优势图；如果数据降低，如产品生产周期变短，则可以使用时间缩短优势图。

要呈现数据的增长超过了2倍，如小欣的业绩提升了3倍，就可以使用翻倍优势图；如果缩减到原来的一半以下，如成本缩减到原来的1/3，则可以使用缩倍优势图。

要呈现分量数据的增加，如产品的利润上升，则可以使用分量增加优势图；如果分量数据降低，如产品的成本降低，则可以使用分量减少优势图。

当数据与某对标数据接近时，如小欣与公司第一名的业绩只差1%，就可以使用数据接近优势图；当数据超过多个数据的总和时，如小欣的业绩比第二名与第三名之和还要多，就可以使用超过总和优势图。

当完成预期目标时，如小欣完成了本月的业绩目标，就可以使用完成目标优势；当超过预期目标时，如小欣的产品销量超出本月销量目标的20%，就可以使用超过目标优势图。

7.4 自由度极高的示意图

示意图是大体描述或表示物体的形状、相对大小、物体与物体之间的关系的简单图示。前文已经使用了许多示意图，如小欣的业绩是 10 万元，小缘的业绩是 9 万元，就是采用以下示意图呈现的。

由于示意图没有严格的数据标签和坐标轴，所以其在大小形态上的自由度比较高。达莱尔·哈夫的《统计数字会撒谎》写道，罗坦提亚木匠的平均周收入为30美元，而美国木匠的平均周收入为60美元，两者相差1倍，并用类似下面这样的示意图表示这一差距。

右侧表示美国木匠的钱袋的长和高都是左侧表示罗坦提亚木匠的钱袋的 2 倍，看起来挺忠实于数据的。但是实际上，表示美国木匠的钱袋占用的面积是表示罗坦提亚木匠的钱袋的 4 倍。这幅示意图的暗示效果其实不止于此，因为生活中的钱袋都是立体的，所以受众看到图中的钱袋的时候会不自觉地给它加上一个厚度。这样一来，这幅示意图在受众眼里表达的意思是"美国木匠的平均周收入是罗坦提亚木匠的平均周收入的 8 倍"，这远远超过了原始数据中的 2 倍。

7.5 无图无真相，有图更可信

在 4 种可视化方法中，最后一种是图片。这里的图片区别于图表、优势图和示意图，是指真实的图片。真实的图片可以大大增强数据说服力，毕竟"无图无真相，有图更可信"。

比如，在呈现"潜在客户数"指标时，结合走访客户的图片；在呈现"客户满意度"指标时，结合客户微笑的图片；在呈现"良品率"指标时，呈现产品的图片；在呈现"产品工期"指标时，结合产品加工的图片；在呈现"人均劳效"指标时，结合员工工作的照片；等等。

在数据可视化的过程中，图片除了可以增加数据的可信度，还可以提升整个汇报内容的色彩丰富程度，因为图表、优势图和示意图通常采用单一的颜色，图片的颜色更加丰富。丰富的颜色可以充分刺激受众的视觉神经，让受众免于因查看太多的数据或单一的颜色而陷入疲惫。

但颜色并不是越多越好。在汇报的过程中，很多人会采用 PPT 或 Keynote 作为媒介，如果将每个页面或每个文字的颜色都设置得不统一，反倒会让受众很快产生视觉疲劳。我的建议是在 PPT 或 Keynote 中使用统一的基础色，将其余彩色的部分全部用图片来呈现，毕竟表现真实场景的图片通常颜色自然，而且根本不需要我们花费精力去设计。

在数据说服力模型中，可视化方法由图表、优势图、示意图和图片组成。但只有这 4 种方法吗？并不是。比如，在表述"产品的生产周期环比缩短 30%"时，可以播放一个车间生产产品相关的视频；在表述"本楼盘的得房率高达 93%，在本区域排名第一"时，可以结合房型的沙盘模型；在表述"本项目建成后将成为区域内第一高的大楼"时，可以结合虚拟现实技术，让受众感受大楼的壮观；在表述"产品的客户满意度排名第一"时，可以展示实体产品。这些视频、沙盘模型、虚拟现实技术和实体产品都是可视化方法，都可以增强数据说服力。

第 8 章

防止被数据误导的
6 种方法

本书提供了通过数据说服并影响自己的上司、客户和朋友的各种方法，包括空间维度的 6 种参照点、4 种统计方法、其他指标、对比过去的 4 种方法和历史数据的 3 种呈现方法等。我写这本书除了希望能够增强读者的"数据说服力"，还有一个很重要的目的——让读者学会识别生活和工作中的一些数据误导现象。生活中的数据误导现象随处可见，本书总结了防止被数据误导的 6 种方法，这些方法可以帮助读者在生活和工作中不被数据所迷惑。下文将通过一个案例①串联起这些方法，这个案例①如下图所示。

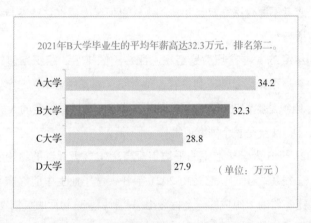

看完图后，你觉得图中哪里出现问题了呢？在阅读下文之前，把你的想法写在下面的方框中。

---

① 本案例中的所有数据均为杜撰的。

8.1 小欣的学历在家里排名第一——组织全貌

"2021 年 B 大学毕业生的平均年薪高达 32.3 万元，排名第二。"这句话中有两个数字，"32.3 万"和"第二"。首先需要思考的是，"32.3 万"是以哪些人为样本计算得出的？

如果对 B 大学的所有毕业生展开问卷调查，那么得到的数据就是真实可信的。可将 B 大学的所有毕业生全部找齐可能吗？怎么调查那些联系不到的人，或者不愿意透露自己年薪的人？更何况能确保这些参与调查的人都说了实话吗？

空间维度的 6 种参照点是组织占比、组织排名、组织均值、组织标准、组织参照和竞品参照，其中有 5 种参照点都有"组织"二字。什么是"组织"？组织是我们进行参照对比的一个范围，可以是特定的人群、部门、公司、行业，甚至是整个国家或世界。

"2021 年 B 大学毕业生的平均年薪高达 32.3 万元"的结论实际上是建立在一个组织之上的。它是由 2021 年 B 大学毕业生中能够联系上的，并愿意透露年薪的人组成的一个特殊组织。所以，这句话的可信度并不高。

这就引出了防止被数据误导的第一种方法——"组织全貌"。在看到一个数据时，我们首先要思考的是"这个数据来自哪个组织？组织全貌如何？"

再看案例中的数据"第二"。以"组织全貌"的方法来思考：是在哪个组织里排名第二呢？是在某个地区的所有大学里排名第二，还是在某个国家、全世界的所有大学里排名第二？是否仅调查了图表中的 4 所学校——A 大学、B 大学、C 大学和 D 大学？

再看一个案例，"在 1936 年美国总统选举前夕，《文学文章》的工作人员通过电话和调查表来预测兰顿（时任堪萨斯州州长）和罗斯福（时任总统）谁将当选下一届总统，回收的 237 万份数据显示，兰顿将当选下一届总统。"

我们用"组织全貌"的方法来审视这个案例后发现，这 237 万份数据是通过电话和调查表得到，但是在那个年代，有能力购买电话和填写调查表的人并不能代表所有选民。所以这个预测结果也不一定准确。

再来看一个案例，"在 A 国与 B 国交战期间，A 国海军的死亡率是 9‰，而同时期 A 国居民的死亡率是 16‰"。使用"组织全貌"的方法思考，你能看出什么问题吗？

在 A 国与 B 国交战期间，大部分青壮年都去参军了，所以 A 国海军这个组织的成员大都是体格健壮、经过训练的年轻人。而 A 国留下来的年轻人并不多，再加上婴儿、老人和病人，居民的死亡率高也并不奇怪。

再来看一个案例，"甲状腺癌的发病率是胃癌的发病率的 15 倍[①]"。使用"组织全貌"的方法思考，你能看出什么问题吗？

"15 倍"会让人产生"甲状腺癌的发病率非常高"的感觉，可"15 倍"建立在"胃癌的发病率"的基础上，它真实发生的概率是多少呢？也许是 1/1000000000。而且在计算发病率时，统计了多少人呢？被统计的人是不是健康的？他们是青年还是老人？因此，根据统计内容的不同，甲状腺癌的发病率会出现偏差。

再来看一个案例，"经统计，公司内网中对公司的不满意率高达 63%"。使用"组织全貌"的方法思考，你能看出什么问题吗？

"63%"这个数据是建立在"愿意在公司内网中发言的人"的基础上的。有些人心里有意见，可能会在内网中抱怨；而另一些人对公司很满意，但可能未必会去内网中表扬公司。因此，内网中的不满意率会失真。

再来看广告中经常出现的一个案例，"使用本牙膏后，牙菌斑减少了 20%"。使用"组织全貌"的方法思考，你能看出什么问题吗？

"减少 20%"这个数据是建立在那些参与实验的人的基础上的。有多少人参与了实验呢？这些人的牙菌斑数量本身是否正常呢？因此，广告中

---

① 本数据为杜撰的。

的 20% 并不可信，对于消费者使用牙膏后是否能减少牙菌斑，没有明显的指导意义。

有时候，我们在生活中遇到的一个数据是由某个领域的专家或科学实验室经过严谨实验得出的。所有的一切似乎都在显示，这个产品确实有效而且在同类产品中出类拔萃。但"组织全貌"的方法就是提示我们关注全部数据，不要被少量的数据蒙蔽了，不要以偏概全。就像"小欣的学历在家里排名第一"，这个"第一"是建立在"家庭"这个组织上的，根本不足为奇。

学术界还有很多与"组织全貌"相关的有趣例子，如著名的辛普森悖论。

某大学历史系和地理系招生，共有 13 名男生和 13 名女生报名。历史系只录取一名男生，但有 5 个男生报名，男生录取率为 1/5；只录取 2 名女生，但有 8 名女生报告，女生录取率为 2/8。由此可见，历史系男生的录取率（20%）低于女生的录取率（25%）。同理，地理系男生的录取率为 6/8，女生的录取率为 4/5，地理系男生的录取率（75%）低于女生的录取率（80%）。

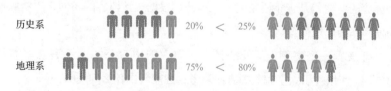

但是按照整个学校的录取率进行统计时，男生的录取率为 7/13，女生的录取率为 6/13，男生的录取率（约 54%）高于女生的录取率（约 46%）。

为什么个别录取率是男生低于女生，而总体录取率却是男生高于女生呢？因为数据是建立在不同组织上的。这种罕见的例子几乎只会在统计学的研究中才会出现，但它进一步证明了"组织全貌"对防止被数据误导的有效性。

8.2 小欣已连续加班 2 天——时空维度

"2021 年 B 大学毕业生的平均年薪高达 32.3 万元，排名第二。"这句话中的"排名第二"，采用的就是空间维度的"组织排名"这一参照点。如果没有这个参照点，只说"2021 年 B 大学毕业生的平均年薪高达32.3 万元"，会让人觉得摸不着头脑——32.3 万元，是比较多还是比较少呢？

比如，一篇报道称"某国因火车交通事故死亡的人数为 5832"，这精确的数字让人感觉其可信度极高。可是 5832 是多还是少呢？相较于汽车交通事故的死亡人数或飞机失事死亡人数呢？没有对比，只突出数字，很容易让人陷入巨大数字的假象中。

为了让数据更有说服力，"2021 年 B 大学毕业生的平均年薪高达32.3 万元"这句话后面增加了"排名第二"，通过空间维度的对比，人们不仅可以感知到 32.3 万元是多还是少，而且会产生"B 大学毕业生的平均年薪很高"的感觉。暂且不提 B 大学毕业生的平均年薪是在什么组织中排名第二，如果 10 年来 B 大学毕业生的平均年薪一直是第一名呢？这样表述是不是会让人产生"2021 年 B 大学毕业生的平均年薪不如往年"的感觉呢？

这就引出了防止被数据误导的第二种方法——"时空维度"。在看到一个数据时，我们需要思考"这个数据从空间维度比较如何，从时间维度比较如何"。

比如，"本小区治安环境极好，近万户居民，今年的偷盗事件不超过5 起"。使用"时空维度"的方法思考，你能看出什么问题吗？

从空间维度来说，附近小区的偷盗事件数量是多少呢？如果整个区域平均每 1 万户发生 1 起偷盗事件，这个小区的治安就远不及整个区域的平均值了，何来"治安环境极好"一说呢？从时间维度来说，这个小区去年的偷盗事件数量是多少呢？如果近 3 年偷盗事件数量每年增加 1 起，这不就说明情况每年都在恶化吗？因此，这个小区的偷盗事件数量是多还是少，答案并不明确。

又如，"本公司 2021 年年度营业额高达 1200 万元"。使用"时空维度"的方法思考，你能看出什么问题吗？

从空间维度来说，相同区域的同行业公司的年度营业额是多少呢？如果同行业公司 2021 年年度平均营业额超过 2000 万元，该公司的年度营业额还算高吗？从时间维度来说，该公司的年度营业额是在每年递增还是在逐年下降呢？因此，该公司的年度营业额是否理想，我们无从知晓。

再如，"本园区今年已有超过 1800 家公司入驻"。使用"时空维度"的方法思考，你能看出什么问题吗？

从空间维度来说，本市里相同规模的园区，今年都有多少家公司入驻呢？如果今年有 2500 家公司入驻相同规模的园区，那 1800 家公司并不算什么。从时间维度来说，园区今年有 1800 家公司入驻，那去年呢？如果去年是 1500 家，那就说明了入驻的公司数同比增长 20%。这是不是意味着本园区的招商工作做得非常好呢？不要高兴得太早了——本市相同规模的园区，入驻的公司数同比增长 40%，20% 的增长率只是中下水平而已。因此，对于园区招商工作做得如何，我们无法从这个数据中获得答案。

有时候，我们会在生活中遇到一个惊人的数据，这个数据往往超乎我们的想象，好像在耳边告诉我们"我是多么厉害"。但"时空维度"的方法就是提示我们要关注时间维度和空间维度的对比，不要被一个特殊的数据给骗了。

8.3 小欣和姚明的平均身高超过 2 米——"4 种统计"

"2021 年 B 大学毕业生的平均年薪高达 32.3 万元，排名第二。"这句话中的"32.3 万元"是平均年薪。平均年薪就能代表所有 B 大学毕业生的年薪吗？

也许在 B 大学毕业生中，有人的年薪达到了 1000 万元，而这就大大拉高了平均年薪。这 1 个年薪 1000 万元的人，可以把多少个年薪 10 万元的人变成平均年薪 32.3 万元的人呢？ 40 多人。也就是说，1 个年薪 1000 万元的人和 40 个年薪 10 万元的人，平均年薪约为 32.3 万元。这 1 个特殊的年薪 1000 万元的人，并不能代表广大的 B 大学毕业生，但"平均年薪 32.3 万元"却成了大家对 B 大学毕业生年薪的最终印象。这对那些"被平均"的年薪 10 万元的人而言是极不公平的。

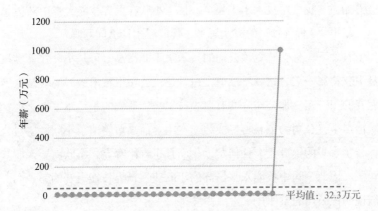

这就引出了防止被数据误导的第三种方法——"4 种统计"。在看到一个数据时，我们需要思考"这个数据是由什么统计方法得出的，其平均值、总和和最值分别是多少"。"平均值"可能是应用范围最广、人们最常听到的统计学概念之一，但我们常常被它误导。

比如，"本省工薪族的平均月薪为 7000 元，你拖后腿了吗？"使用"4 种统计"的方法思考，你能看出什么问题吗？

在这一统计过程中，有多少人参与了调查？这些人月薪的最大值和最小值是多少？如果有 80% 的人月薪在平均值 7000 元以下，那对于他们来说，"平均月薪 7000 元"可能不会让他们焦虑——这么多人的收入水平与我差不多。因此，"工薪族的平均月薪为 7000 元"对白领们判断自己的月薪是否处于中等水平，没有太大的指导作用。

又如，"本部门实力雄厚，完成了 200 万元的业绩预期目标"。使用"4 种统计"的方法思考，你能看出什么问题吗？

200 万元的业绩实际对应多少笔订单？平均每笔订单的金额是多少？是否存在特别大额的订单？如果部门中有 10 人，只有 2 人完成了订单，一人完成了 190 万元，另一人完成了 10 万元，这也是"完成了 200 万元的业绩预期目标"。因此，完成了 200 万元的业绩，只能证明预期目标已完成，与部门实力雄厚没有直接关系。

再如，"我公司技术水平超群，技工小欣在世界技能大赛中获得第一名"。使用"4 种统计"的方法思考，你能看出什么问题吗？

乍看之下，你会感觉该公司的技术水平非常高。可是小欣在世界技能大赛中获得第一名，这属于最值，也就是说公司中技术最好的人是世界技能大赛的第一名。那公司一共有多少技工呢？他们的平均水平怎么样？在极端情况下，公司为了获得好成绩，在比赛前高薪聘请了小欣，这对公司整体技工水平的提升没有任何帮助，而且也许比赛完，小欣就要入职其他公司了。因此公司中技能水平最高的小欣获得世界技能大赛的第一名，并不能说明该公司的整体技术水平非常高。

有时候，我们在生活中遇到的数据往往只是由一种统计方法得出的，它在给我们带来便利的同时，也隐藏了很多的陷阱。毕竟由一种统计方法得出的一个数据，无法代表所有的数据。"4 种统计"的方法就是提示我们要关注 4 种统计方法，不要因为一个数据而忽视其他所有数据。就像"小欣和姚明的平均身高超过 2 米"，我们一眼就能看出这一平均身高是被姚明 2.26 米的身高拉高的。

8.4 小欣的客户投诉量最低——"3 个指标"

"2021 年 B 大学毕业生的平均年薪高达 32.3 万元，排名第二。"当看到这句话时，许多人的脑海中都会浮现出一个穿着讲究、彬彬有礼的职场成功人士的形象，他或是在会议室中与高管对话，或是在高级餐厅中与客户会谈。他时不时会说："我有今天的成就，全是因为 B 大学的培养。"这种想象并不是毫无根据的，毕竟"平均年薪高达 32.3 万元，排名第二"会让人产生"B 大学就是高薪职场人士的摇篮"的感觉。

可是这句话中只出现了一个指标"平均年薪"。"32.3 万元"是入职第一年的年薪，还是入职第十年的年薪呢？这些毕业生的平均上班时间是 200 天还是 300 天呢？每天是工作 8 小时还是 12 小时呢？上班的主要工作是采矿还是开采石油呢？需要出差 50 天还是 100 天呢？

这就引出了防止被数据误导的第四种方法——"3 个指标"。我们在看到一个数据时，不管是思考"组织全貌""时空维度"，还是思考"4 种统计"，都已经掉进了陷阱里——都围绕着给定的指标思考。比如，对于"2021 年 B 大学毕业生的平均年薪高达 32.3 万元，排名第二"，我们在思考"组织全貌"时，会考虑平均年薪是在什么组织里排名第二；在思考"时空维度"时，会考虑平均年薪在空间维度里排第二，在时间维度里如何变化；在思考"4 种统计"时，会考虑年薪的最大值和最小值是多少。这些思考哪怕再透彻，也都是围绕着给定的指标——"平均年薪"展开的，而忽略了其他指标。就像"管中窥豹"，我们看得再认真，也只"可见一斑"，只有思考更多的指标，才能一探全貌。

这种防止被数据误导的方法叫"3 个指标"，是哪 3 个指标呢？这"3 个指标"不是指固定的 3 个指标，只是用来提醒我们至少要看 3 个指标，才能避免掉入"管中窥豹"的陷阱。

4 个、5 个指标可以吗？当然可以，指标越多，我们思考得越全面。

有哪些指标可以让我们思考得更全面呢？这些指标是根据使用情境确定的，并没有万能的公式。就像本书第 4 章提供的营销工作汇报中的 10 个常见指标、开发工作汇报中的 8 个常见指标、管理工作汇报中的 4 个常见指标和公司介绍中的 6 个常见指标。这些指标都可以成为"3 个指标"的备选指标。

比如，营销人员在汇报时说"本月完成业绩 20 万元，环比上涨 15%"。使用"3 个指标"的方法思考，你能看出什么问题吗？

"业绩 20 万元"只是"业绩"指标的总和，也许只有 3 个客户下单，而且有 1 个客户的资金这个月才入账，所以算作这个月的业绩；也许潜在客户有近百人，但只有 3 个客户下单，远低于公司的平均值；也许虽然只有 3 个客户，但这 3 个客户的满意度评分都没有达到公司的标准 95 分。因此，仅仅表述"完成业绩 20 万元，环比上涨 15%"，是完全不能够表明业绩良好的。

又如，开发人员在汇报时说"本季度设计的 5 款产品，为公司销量前 5 名"。使用"3 个指标"的方法思考，你能看出什么问题吗？

从销量来看，设计的 5 款产品的销量都名列前茅，似乎证明了产品质量过硬、备受客户喜爱。但是退换货数是多少呢？毕竟销量还和销售表现有关。如果销量是因为"双十一"促销力度大而提高的，那么销量好就和开发人员关系不大了；还有可能产品的良品率是 98%，远低于行业平均值，也就是有 2% 的产品不合格；又或者产品工期都在 8 天以上，比预期的 6 天多了整整 2 天。因此，仅从销量来判断开发人员的工作成效是非常片面的。

在生活中看到某一个指标后不被其限制，而能够思考"3 个指标"是非常不易的。但如果你是一名管理者，你就可以通过行政手段来做到这一点——每个岗位的工作汇报内容基本固定，所以你可以与相关人员制定通用的标准，甚至要求员工必须在汇报中呈现某些指标，比如营销人员在汇报时必须呈现营业额、利润和客户成交率等，开发人员在汇报时必须呈现成本、良品率和产品工期等。听完汇报后，不管汇报中的数据如何，你都应该首先审视汇报人是否将所有的指标呈现出来，如果有 1 个指标遗漏，就应让汇报人重新汇报。毕竟"高明"地撒谎是用真话撒谎，隐藏表现不佳的指标，只呈现部分优秀的指标，以达成误导他人的目的。

"3 个指标"的方法就是提示我们至少关注 3 个指标，这样才能立体地了解事实，不被单一的指标迷惑。就像"小欣的客户投诉量最低"，"客户投诉量"这一个指标无法表明小欣的工作成效。

8.5　小欣的业绩增长率高达 1%——过滤观点

"2021 年 B 大学毕业生的平均年薪高达 32.3 万元，排名第二。"这句话中有一个词不是"事实"而是"观点"，而且这个词极大地影响了受众的认知，是哪个词呢？

这个词就是"高达"。它让受众感觉"2021 年 B 大学毕业生的平均年薪很高"。如果把这个词替换成"仅"，即"2021 年 B 大学毕业生的平均年薪仅 32.3 万元"，会怎么样呢？

2021年B大学毕业生的平均年薪高达32.3万元

2021年B大学毕业生的平均年薪仅32.3万元

只替换了一个词，其他所有的文字都没有变，句意却产生了极大的差异。这就引出了防止被数据误导的第五种方法——"过滤观点"。当看到与数据相关的表述时，我们需要去掉所有与事实无关的"观点"，这样才能理智、科学地进行评判与分析，而不被"观点"误导。

比如，"持续一周的高温导致城市死亡人数激增至 268 人"。使用"过滤观点"的方法思考，你能看出什么问题吗？

在这句话中，"持续一周的高温导致"和"激增"是观点。实际上，这些死者也许都曾是医院重症监护室中的病危者，他们所处环境的温度和湿度都被严格地控制着，他们的死亡也许并不是高温导致的。所以这种观点完全建立在"如果 A 后面紧跟着 B，那么 A 一定导致 B 发生"的谬论之上。"激增"一词也非常容易误导受众。由 10 人增加到 268 人，是否可以用"激增"一词描述呢？由 100 人增加到 268 人，是否可以用"激增"一词描述呢？由 267 人增加到 268 人，是否可以用"激增"一词描述呢？是否使用"激增"一词完全取决于数据呈现者的意愿，但会大大影响受众对数据的感受。

又如，"张经理任职期间，公司营业额同比大幅增长 300%"。使用"过滤观点"的方法思考，你能看出什么问题吗？

"大幅增长"是这句话中的显性观点，而这句话中还有一个隐性观点，那就是"张经理在任职期间使公司营业额同比大幅增长 300%"。张经理的任职和公司营业额的增长只是在同一时间出现而已，不一定有直接的联系。所以我们在看待这句话时，要过滤观点，只看"公司营业额同比增长300%"。

再如，"本市今年严格实行机动车单双号限行制度，PM2.5 指数下降明显，全年中度污染天数从 89 天骤降至 21 天"。使用"过滤观点"的方法思考，你能看出什么问题吗？

"PM2.5 指数下降明显"和"骤降"是显性观点。"下降明显"是下降了多少呢？而"实行机动车单双号限行制度导致 PM2.5 指数下降明显，全年中度污染天数下降"是隐性观点。实际上，本市除了实行机动车单双号限行制度，还实施了非常多的环保管制措施，包括迁移重污染工厂和增加绿化面积等。因此我们在看待这句话时，要过滤观点，将其修改为"本市全年中度污染天数从去年的 89 天下降到 21 天，其中的一个原因可能是我市严格实行机动车单双号限行制度"。

我们在生活中常会被观点困扰，显性的如"暴涨""大增""骤降"等还较容易识别，而很多与事实混杂在一起的隐性观点，则让人难以识别，导致人们的想法和决策都被其影响。"过滤观点"的方法就是提示我们要过滤掉那些别人强加给我们的观点，不被他们的不良意图浸染。就像"小欣的业绩增长率高达 1%"，在 1% 这一相对较小的数据前添加"高达"这样的观点，也能让人以为小欣的业绩增长较多。

8.6 小欣与客户的合影——忽略图形

在表述"2021 年 B 大学毕业生的平均年薪高达 32.3 万元，排名第二"时，再加上以下条形图，会让受众清晰地感到 B 大学毕业生的平均年薪非常可观。

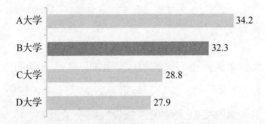

但这个条形图真的可信吗？如果不改变数据，我们仅仅通过坐标轴缩放，就可以得出以下两种意思完全不同的图表。

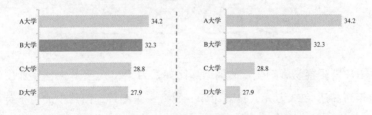

左图表现出 4 所大学的毕业生的平均年薪较为相近，B 大学与其他学校的差距并不明显；而右图表现的是，4 所大学的毕业生的平均年薪差距较大，B 大学与第一名 A 大学较为接近，而与第三名和第四名差距较大。

这就引出了防止被数据误导的第六种方法——"忽略图形"，这个图形可以是图表、优势图、示意图和图片。当看到一个图形和一个数据时，我们往往会不自觉地被图形吸引，而这些图形中可以操作的空间实在是太大了。

图表可以通过前文介绍的坐标轴缩放、让柱形变"胖"和三维饼图对受众进行视觉误导。优势图本身就没有精确的数据，就像上述案例，完全可以使用数据接近优势图来突显加中敦大学毕业生的平均年薪与第一名差距甚微。

示意图的大小比例则更容易被修改。比如，4 所大学的毕业生的平均年薪示意图如下，B 大学的"钱袋"与第一名 A 大学的"钱袋"大小相近，而第三名 C 大学和第四名 D 大学的"钱袋"则小了很多，以至于表示平均年薪的"28.8 万元"和"27.9 万元"都不得不缩小，才能放到"钱袋"中。

图片则更容易影响受众的情绪。比如，为"2021 年 B 大学毕业生的平均年薪高达 32.3 万元，排名第二"配上一张图片，图片中的男子英俊潇洒，正在与国家重要领导人进行会晤，而他的胸口处别着异常闪亮的 B 大学校徽。相信看完这张图片后，大部分人都会对 B 大学产生好感。

由此可见，任何具象化的图形都可能误导受众。"忽略图形"的方法就是提示我们要忽略相关的图形，只关注数据。就像如果我们在听小欣做客户满意度报告时看到一张他与客户的合影，不管这张照片多么写实，我们都要忽略它，以防被它误导而做出错误的判断。

　　"眼见为实"不一定总是对的，我们所看到的可能是伪装之后呈现出的假象。组织全貌、时空维度、4 种统计、3 个指标、过滤观点和忽略图形这 6 种方法，可以帮助我们不被数据误导。我们在看到任何数据时，在接受它们并做出决策前，用这 6 种方法仔细分析、思考，也许可以更加接近真相。